U0191056

规划教材 精品教材 畅销教材
高等院校艺术设计专业丛书

西方风景园林史

HISTORY OF WESTERN
◀ G A R D E N S ▶

陈教斌 唐海艳 杨琪瑶 刘春 盛丽 / 编著

重庆大学出版社

图书在版编目（CIP）数据

西方风景园林史/陈教斌等编著.—重庆：重庆
大学出版社，2018.8
（高等院校艺术设计专业丛书）
ISBN 978-7-5689-1299-0

Ⅰ.①西⋯ Ⅱ.①陈⋯ Ⅲ.园林建筑—建筑史—西方
国家—高等学校—教材 Ⅳ.①TU-098.45

中国版本图书馆CIP数据核字（2018）第173555号

丛书主编 许 亮 陈琏年
丛书主审 李立新 杨为渝

高等院校艺术设计专业丛书

西方风景园林史

XIFANG FENGJING YUANLINSHI

陈教斌 唐海艳 杨琪瑶 刘春 盛丽 编著

策划编辑：周 晓

责任编辑：周 晓 书籍设计：汪 泳

责任校对：刘 刚 责任印制：张 策

重庆大学出版社出版发行
出版人：易树平
社 址：重庆市沙坪坝区大学城西路21号
邮 编：401331
电 话：（023）88617190 88617185（中小学）
传 真：（023）88617186 88617166
网 址：http://www.cqup.com.cn
邮 箱：fxk@cqup.com.cn（营销中心）
全国新华书店经销
重庆市美尚印务有限公司印刷

开本：889mm×1194mm 1/16 印张：11.5 字数：375千
2018年8月第1版 2018年8月第1次印刷
ISBN 978-7-5689-1299-0 定价：48.00元

高等院校艺术设计专业丛书
编委会

出版说明

　　"高等院校艺术设计专业丛书"自2002年出版以来，受到全国艺术设计专业师生的广泛关注和好评，已经被全国100多所高校作为教材使用，在我国设计教育界产生了较大影响。目前已销售一百万余册，其中部分教材被评为"国家'十一五'规划教材""全国优秀畅销书""省部级精品课教材"。然而，设计教育在发展，时代在进步，设计学科自身的专业性、前沿性要求教材必须要与时俱进。

　　鉴于此，为适应我国设计学科建设和设计教育改革的实际需要，本着打造精品教材的主旨进行修订工作，我们在秉承前版特点的基础上，特邀请四川美术学院、苏州大学、云南艺术学院、南京艺术学院、重庆工商大学、华东师范大学、广东工业大学、重庆师范大学等10多所高校设计专业的骨干教师联合修订。此次主要修订了以下几方面内容：

　　1. 根据21世纪艺术设计教育的发展走向及就业趋势、课程设置等实际情况，对原教材的一些理论观点和框架进行了修订，新版教材吸收了近几年教学改革的最新成果，使之更具时代性。

　　2. 对原教材的体例进行了部分调整，涉及的内容和各章节比例是在前期广泛了解不同地区和不同院校教学大纲的基础上有的放矢地确定的，具有很好的普适性。新版教材以各门课程本科教育必须掌握的基本知识、基本技能为写作核心，同时考虑艺术教育的特点，为教师自己的实践经验和理论观点留有讲授空间。

　　3. 注重了美术向艺术设计的转换，凸显艺术设计的特点。

　　4. 新版教材选用的图例都是经典的和近几年现代设计的优秀作品，避免了图例陈旧的问题。

　　5. 新版教材配备有电子课件，对教师的教学有很好的辅助作用，同时，电子课件中的一些素材也对学生开阔眼界，更好地把握设计课程大有裨益。

　　尽管本套教材在修订中广泛吸纳了众多读者和专业教师的建议，但书中难免还存在疏漏和不足之处，欢迎广大读者批评指正。

高等院校艺术设计专业丛书编委会

2018年6月

前　言

"西方风景园林史"课程以往常用的教材大多存在如体例比较呆板、较多的文字描述、插图较少、与专业课之间的关系不密切等问题。当然也有一种以图片介绍为主的园林史著作，这种虽然图片清晰，但是缺少一个大的线索把主要的园林历史串联起来，学生只能看到一个个独立的案例，而对其背景知识等却较难获得。以上两种类型的园林史著作都有自己的优缺点。怎样找到一个平衡点，特别是现在的大学本科教育，每门课的课时较少，老师能否在课堂上尽量少讲过多的理论，把学习的主动权交给同学，将课堂延伸至课外，让学生在课外多思考和实践。这些都是我们编写此书重点思考的问题。

本书以课题的形式为体例，一是因为不想让学生觉得这是一本传统的教材，避免视觉疲劳；二是因为西方风景园林史的鸿篇史实，仅靠一本教材或专著是很难表述完整和细致的，用课题的方式就其中的主要西方国家和地区的园林风格和流派及其代表的园林案例进行扼要的阐述，尽量使内容覆盖面更广，而更深的内容可以通过课前的热身互动和课后的拓展训练继续探究。课前的热身互动能让同学们在课前有一个轻松活泼的准备，而课后的拓展训练则在专业理论和技能方面让学生有更多的思考和训练。另外，在每一课题的最后都有一个段落介绍当时造园技术思想的当代借鉴，目的是想让园林历史与专业设计课产生紧密的联系，使其变得更生动和具有实践意义。

对园林史的编著，西南林业大学魏开云老师建议："强化一些不同时期、不同国家、不同风格园林的主要要素、布局、色彩、材质、植物、适合范围等内容……以文字、线条图、实景照片相配合。如果是纯历史写作思路，学生学完了，只能当历史看待，而不知道设计园林方案时该如何把握。目前的园林设计课程，更多地告诉学生共性的设计手法，鲜有告诉学生在营造什么时期、什么风格园林时要把握的要点，以至于现在很多的仿古建筑，外面簇拥的是不搭调的现代园林和其他风格园林。"因此，我们在编著此书时就尝试去避免魏老师提到的以上问题，希望编著一本既图文并茂又与景观设计紧密结合的园林史教材，让更多的老师和学生从中得到一些启示和借鉴。

　　本书分为9个课题，按照时代和国家地区的顺序展开。课题1至课题3由陈教斌编写，主要内容有古代西方园林、中世纪西欧园林和伊斯兰园林；课题4至课题5由杨琪瑶编写，主要内容有意大利文艺复兴时期园林、法国古典主义园林；课题6至课题9由刘春编写，主要内容有英国自然风景式园林、美国园林、欧洲近代园林和西方现代园林。全书由陈教斌统稿，还得到了唐海艳、盛丽、王婷婷等老师的帮助。

陈教斌

2018年2月于重庆北碚杏林花园

目　录

1　古代西方园林（4世纪以前）

1.1　古埃及园林（前3200年—前1世纪） …………………………… 1

1.2　古巴比伦园林（前3500年—前5世纪） ……………………… 9

1.3　古希腊园林（前3000年—前1世纪） 13

1.4　古罗马园林（前8世纪—公元4世纪） 20

1.5　古代西方造园技术思想的当代借鉴 …………………………… 32

2　中世纪西欧园林（5—15世纪）

2.1　背景介绍 ………………………………………………………… 33

2.2　中世纪西欧园林概况 …………………………………………… 34

2.3　中世纪西欧园林的特征 ………………………………………… 37

2.4　中世纪西欧造园技术思想的当代借鉴 ………………………… 38

3　伊斯兰园林（8—15世纪）

3.1　波斯伊斯兰园林 ………………………………………………… 39

3.2　西班牙伊斯兰园林 ……………………………………………… 41

3.3　伊斯兰造园技术思想的当代借鉴 ……………………………… 45

4　意大利文艺复兴时期园林（15—17世纪）

4.1　背景介绍 ………………………………………………………… 46

4.2　文艺复兴初期园林 ……………………………………………… 48

4.3　文艺复兴中期园林 ……………………………………………… 52

4.4　文艺复兴后期园林 ……………………………………………… 65

4.5　意大利台地园的特征 …………………………………………… 76

4.6　意大利文艺复兴时期造园技术思想的当代借鉴 ……………… 78

5　法国古典主义园林（17世纪）

5.1　背景介绍 ………………………………………………………… 80

5.2　勒·诺特尔与勒·诺特尔式园林 ……………………………… 81

5.3　欧洲的勒·诺特尔式园林 ……………………………………… 96

5.4　法国古典主义造园技术思想的当代借鉴 …………………… 108

6　英国自然风景式园林（18世纪）

6.1　背景介绍 ………………………………………………………… 110

6.2　英国自然风景式园林代表人物 ……………………………… 111

6.3　英国自然风景式园林实例 …………………………………… 114

6.4　英国自然风景式园林的特征 ………………………………… 128

6.5　法国的自然风景式园林 ……………………………………… 129

6.6　英国自然风景式造园技术思想的当代借鉴 ………………… 135

7　美国园林（17—19世纪）

7.1　背景介绍 ………………………………………………………… 136

7.2　美国殖民时期园林 …………………………………………… 136

7.3　美国城市公园 ………………………………………………… 138

7.4　美国国家公园 ………………………………………………… 144

7.5　美国造园技术思想的当代借鉴 ……………………………… 147

8　欧洲近代园林（19—20世纪）

8.1　背景介绍 ………………………………………………………… 148

8.2　英国城市公园的兴起 ………………………………………… 149

8.3　法国城市公园的兴起 ………………………………………… 153

8.4　欧洲近代园林的特征 ………………………………………… 156

8.5　欧洲近代造园技术思想的当代借鉴 ………………………… 156

9　西方现代园林（20世纪）

9.1　西方现代园林发展概况 ……………………………………… 158

9.2　西方现代园林主要流派、代表人物及作品 ………………… 161

9.3　西方现代园林的特征 ………………………………………… 172

9.4　西方现代造园技术思想的当代借鉴 ………………………… 173

参考文献 …………………………………………………………… 174

1 古代西方园林（4世纪以前）

【课前热身】

查看BBC纪录片：《消失的法老王国：派拉姆西》《古代埃及人》《尼罗河》《遗失的神灵之希腊人》《希腊神话的真相》《角斗士》《庞贝古城最后一天》《遗失的神灵之古罗马》。

【互动环节】

思考为何古埃及被誉为西方文化之源之一? 它对西方文明究竟产生了什么影响?

查看CNTV《世界历史》第6集（1）（2）。

西方园林的历史最早可以追溯到公元前3000年以前，人类早期的建筑景观大多是满足基本的生产、生活和宗教等与自身密切联系的功能。从洞穴到巢居再到简单的地上建筑的居住方式，西方的风景园林伴随建筑从最初的基本功能，发展到后来的娱乐、炫耀等功能（图1-1）。可以看出，风景园林的历史是一部与当时的自然、社会、技术、文化、艺术等相关的环境改造史。由于所存的资料有限，人们只能从洞穴和陵墓的壁画以及相关的文字描述中发现或还原其当时造园的面貌（图1-2）。本课介绍古埃及、古巴比伦、古希腊和古罗马造园的历史概貌，因为古代西方造园受古埃及、古巴比伦的风景园林的影响较大，所以把其归于古代西方园林中来叙述。

1.1 古埃及园林（前3200年—前1世纪）

1.1.1 背景介绍

（1）地理区位

古代埃及地跨亚、非两大洲，位于非洲北部与苏伊士运河以东的西奈半岛，北临地中海，东邻红海，是欧、亚、非三大洲的交通要塞。尼罗河由南向北流经埃及境内，构成狭长的河谷地带，河谷两岸是陡峭的岩壁，尼罗河下游呈扇形散开，河流冲积而形成三角洲。

图1-1 史前英国巨石阵

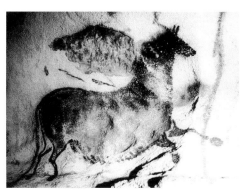

图1-2 西班牙阿尔塔米拉洞穴壁画

（2）气候条件

古埃及国土面积96%以上均为沙漠。埃及南部属热带沙漠气候，干燥少雨，全年日照强度很大，冬季温和，夏季酷热。尼罗河三角洲和北部沿海地区属亚热带地中海气候，相对温和。温差较大的气候特点对古埃及园林的形成及特色影响显著。

（3）历史背景

古埃及是历史悠久的文明古国，其历史简表如下（表1-1）。

表1-1　古埃及历史简表

时　间		王朝名称	事　件
	前4000		出现了最早的国家
前王国时代	前3100	第一王朝	美尼斯统一了上、下埃及，开创了法老专制政体，开始使用象形文字
古王国时代	前2686—前2181	第三至六王朝	金字塔建筑风行，被称为"金字塔时代"，第五王朝开始修建太阳神庙
	前2181—前2040	第七至十一王朝	古代埃及战乱频繁，导致国家的分裂
中王国时代	前2033—前1786	第十二王朝	公元前2040年，底比斯的统治者重新统一了上、下埃及
	前1786—前1567	第十三至十七王朝	战乱再度频繁
新王国时代	前1567—前1085	第十八王朝	国力一度十分强盛，此后因战乱走向衰退
	前332		马其顿的亚历山大大帝击败波斯人，灭波斯王朝，结束了3 000年的"法老时代"
	前305—前30		公元前305年，托勒密·索特尔建立了托勒密王朝，古埃及文化与古希腊文化相互影响和渗透而得到很大发展
	前30		被古罗马征服，成为隶属古罗马帝国的3个省
	公元640		被古代阿拉伯人占领，以后逐渐成为古阿拉伯世界东部的政治、经济和文化中心

（4）文化艺术

①建筑。由于古代埃及森林稀少，因此所有大型建筑都用石材，如古埃及人用石头建造金字塔和神庙。其中，金字塔同古埃及人的宗教信仰密切相关，而神庙建筑则与天文学有着直接的关系。几何学影响建筑特色，居住区相对于尼罗河规则地排列成直角形，建筑景观沿着道路走向一系列线性布置。河水的周期性泛滥使其对生命产生永恒的感觉，因此精美的坟墓随之修建（图1-3）。

图1-3 吉萨金字塔遗址

②美术。美术一直被认为是古埃及文明的一个重要组成部分。随着法老时代的结束，古埃及进入古希腊罗马时期，也正是在这一时期，古埃及艺术逐渐衰退。后来，随着基督教在古埃及的传播，哥特艺术诞生了。而由于伊斯兰教的传入，出现了新的伊斯兰艺术（中东和其他信奉伊斯兰教地区的大众从7世纪以来创造的文学、表演和视觉艺术），并经过1000多年的发展，形成了完美的实用美术形式。

③宗教。古埃及的宗教与尼罗河有着密切的关系。古埃及人最信奉的神为太阳神，因此，境内多处修建太阳神庙。主要有公元前1450年塞内姆特设计的德尔埃尔·巴哈利神庙、公元前1350年卢克索城的卡纳克阿蒙神庙、公元前2065年建造的曼都赫特普神庙、公元前1200年拉美西斯二世神庙和阿布辛波大石窟神庙、公元前1150年建造的拉美西斯三世神庙等。

除了以上成就外，古埃及人还在天文历法、文字和医学等方面也做出了不朽的成绩，如很早使用的太阳历、象形文字以及制作木乃伊的技术。

1.1.2 古埃及园林类型

古埃及的园林形式主要有果蔬园、小型宅园、宫苑、圣苑、墓园、动植物园等。

（1）宅园

古埃及宅园主要分为两种形式：一种是奴隶平民家的普通宅园，如同现代的农业住宅（图1-4）；另一种是王公贵族的宅园，其在规模和档次上均高于普通宅园。在第十八王朝时期，王公贵族掀起宅园建设高潮，不像平民的宅园只有简单的菜园或简陋的园林要素，他们的宅邸旁都建有游乐性的水池，四周有各种树木花草，其中掩映着游憩凉亭。在特鲁埃尔·阿尔马那遗址中发掘出的一些大小不一的园林，都采用几何式构图，以灌溉水渠、划分空间，一般占地70米×70米。府邸的功能完善，被分成三个部分，其中北面为大院子，园中成列种植着埃及榕、椰枣、棕榈、柏树或果树，另有种植瓜果和辟有水池（图1-5）。

阿美诺菲斯三世（Amenophis Ⅲ，前1412—前1376在位）时代塞努菲尔大臣陵墓中的壁画，描绘了奈巴蒙花园中的情景：矩形的水池位于园中央，池中有水生植物和动物，池边有芦苇和灌木，呈对称式布局；行列式种植的椰枣与石榴、无花果等果树有规律地间植；女佣正在角落的小桌上摆放果篮和酒

图1-4 古埃及平民宅园

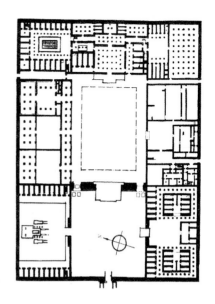

图1-5 古埃及贵族宅园平面图

壶，反映出当时埃及王公贵族宅园完全是一个游乐和生活的环境（图1-6、图1-7）。

古埃及的宅园一般地形平坦，围有高墙。园地呈方形或矩形，采用严整对称的布局形式。入口处理成门楼式的建筑，称为塔门，十分突出。大门与住宅建筑之间是笔直的甬道，构成明显的中轴线。甬道两侧及围墙边行列式种植着椰枣、棕榈、无花果及洋槐等，两边对称布置凉亭和矩形水池，池水略低于地面，为沉床式，以台阶联系上下（图1-8、图1-9）。园中各部分以矮墙分隔成若干个独立并各具特色的小空间，互有渗透和联系。在总体布局上有统一的构图，显得严谨有序（其造园要素详见表1-2）。

表1-2 古埃及宅园的造园要素

造园要素		具体形式	备 注
具有园林建筑		水池及各种植物凉亭、棚架等	改善小气候，力求创造一种凉爽、湿润、舒适的环境
种植方式多样		庭荫树、行道树、藤本植物、水生植物及桶栽植物等	
植物应用	庭荫树	椰枣、棕榈、洋槐等	以实用及庇荫效果为主
	行道树	石榴、无花果、葡萄等	
	装饰	迎春、月季、蔷薇、矢车菊、罂粟、银莲花、睡莲等	
	花卉装饰	栎树、悬铃木、油橄榄等以及樱桃、杏、桃等	地中海沿岸引进
放养水禽等动物		已初具现代园林的主要元素	活跃气氛

（2）宫苑

宫苑园林是指为法老休憩娱乐而建的园林化的王宫。在尼罗河三角洲的卡洪城里，宫殿与府邸的形式差别不大，但更趋家庭化。四周为高墙围合的一个个矩形的闭合空间，宫内再以墙体分隔空间，形成若干小院落，整体呈中轴对称格局。各院落中有格栅、棚架和水池等，装饰有花木、草地，有时也种植可

图1-6　阿美诺菲斯三世塞努菲尔大臣陵墓中的壁画描绘的奈巴蒙花园

图1-7　塞努菲尔大臣夫妇的石刻雕像

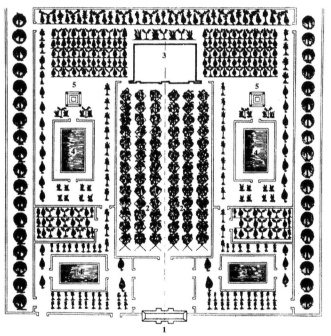

图1-9　古埃及墓中石刻描绘的贵族宅园复原图

图1-8　古埃及墓中石刻描绘的贵族宅园平面图
1.入口塔门；2.葡萄架；3.建筑；4.水池；5.凉亭

食用的植物。畜养水禽，还有可以遮阴的凉亭。

　　新王国时期，宫苑已经和太阳神庙结合，但还没有严整的格局。后来在阿马尔那的几座宫苑中，有两座有了明确的轴线布局。其中一座占地15 904平方米，皇帝的正殿位于轴线的中心位置，最大的部分是仓库、卫队宿舍和政权机构用房，而神庙显得较小且位于一进院子的北侧（图1-10）。到公元前13世纪至公元前12世纪时，在美迪奈特·哈布的宫苑，居于正中的是庙宇（图1-11）。

　　底比斯的法老宫苑呈中轴对称，宫苑内用栏杆和树木分隔空间。走进宫苑的大门，两旁是排列着狮身人面像的林荫道，林荫道往前是宫殿，位于宫苑的中心，前方小广场矗立

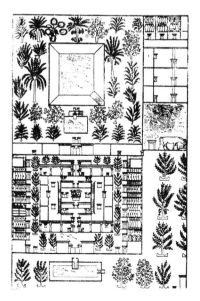

图1-10　阿马尔那的高僧麦利尔的宅园

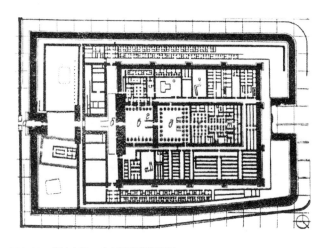

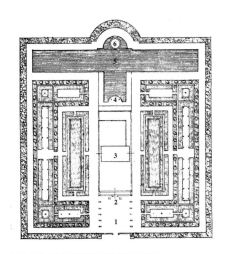

图1-11　美迪奈特·哈布的宫苑平面图　　　　　　　图1-12　底比斯的法老宫苑平面图
　　　　　　　　　　　　　　　　　　　　　　　　　　　　1.入口塔门；2.葡萄架；3.建筑；4.水池；5.凉亭

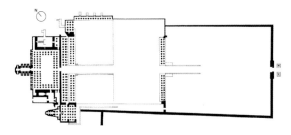

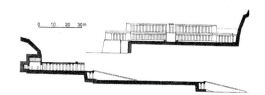

图1-13　德尔埃尔·巴哈利神庙平面图　　　　　图1-14　德尔埃尔·巴哈利神庙立面图和剖面图

着两座方尖碑，宫殿有门楼式的塔门，特别显眼，塔门与住宅建筑之间是宽阔笔直的甬道，构成明显的中轴对称线。甬道两侧及围墙边行列式种植着椰枣、棕榈、无花果及洋槐等，并点缀着一些圣物雕像。宫殿两侧对称布置着长方形泳池，宫殿后为石砌驳岸的大水池，可供法老闲暇时在其中游船，并有水鸟、鱼类放养其中。池的中轴线上设置了码头和瀑布。园内因有大面积的水面、庭荫树和行道树而凉爽宜人，既营造了舒适的小气候，又显示了皇家的高贵地位。加上凉亭点缀，花台装饰，葡萄悬垂，庄严中透出生机盎然的气氛（图1-12）。

（3）圣苑

古代埃及的法老们十分尊崇各种神。公元前15世纪，著名的埃及女王哈特舍普苏（Hatshepsut，前1503—前1482在位）为了祭奉阿蒙神，在山坡上建造了宏伟的德尔埃尔·巴哈利神庙（图1-13至图1-17）。该坡地被削成三个台层，上两层均环以柱廊，中央甬道两侧有狮身人面像。据说遵循阿蒙神的旨意，专门引种了香木（其木料燃烧时有芳香味）种植在台层上。大片林地围合着雄伟而有神秘感的庙宇建筑（古埃及人将树木视为奉献给神灵的祭祀品，以大片树木表示对神灵的尊崇），形成附属于神庙的圣苑。古埃及的圣苑在棕榈和埃及榕围合的封闭空间中，往往还有大型水池，驳岸以花岗岩或斑岩砌造，池中种有荷花和纸莎草，并放养作为圣物的鳄鱼。

公元前1350年，在尼罗河东岸的卢克索城，埃及人建了卡纳克阿蒙神庙。它规模宏大，布局对称，入口的门楼前有两列人面兽身的雕像排列，从入口进入前院，有柱廊和雕像，后面种植葵和椰树。列柱大厅是神庙的主建筑，由16列共134根柱子组成，中间的圆柱高达12.4米，直径3.57米，上有9.21米的梁，重达65吨。大厅后有几进院落，院落中伫立着方尖碑，种植有埃及本土的乔木（图1-18至图1-23）。

据记载，在拉美西斯三世（Ramses Ⅲ，前1198—前1166在位）统治时期，法老们设置了514处圣苑，当时的庙宇领地约占全埃及耕地的六分之一。这些庙宇也多在其领地内植树造林，称为圣林。可见当时圣苑及圣林的规模非常可观。

图1-15 德尔埃尔·巴哈利神庙遗址   图1-16 德尔埃尔·巴哈利神庙中的安比斯小庙

图1-17 德尔埃尔·巴哈利神庙

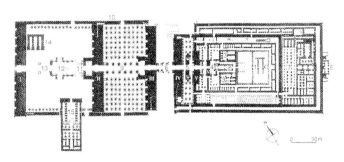

图1-18 卡纳克阿蒙神庙遗址   图1-19 卡纳克阿蒙神庙平面图

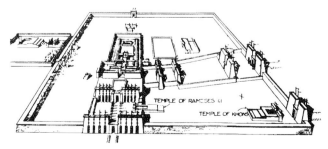

图1-20 卡纳克阿蒙神庙复原图   图1-21 卡纳克阿蒙神庙入口

图1-22 卡纳克阿蒙神庙大厅　　图1-23 卡纳克阿蒙神庙前院

（4）墓园

古埃及人相信人死之后灵魂不灭，是在另一世界中生活的开始。因此，法老及贵族们都为自己建造巨大而显赫的陵墓，而且陵墓周围还要有可供死者享受的、宛如其生前所需的户外活动场地，这种思想导致了墓园的产生。墓园亦称灵园，虽然规模不大，但也往往设有水池，周围成行地种植椰、枣、棕榈、无花果等树木。

古王国时期，中央集权制国家逐渐巩固，皇权的重要性更加突出，营造皇帝崇拜成为主流社会趋势。皇帝陵墓的形制发生改变，陵墓登上历史舞台。早期以阶梯式金字塔为主，公元前3000年古王国第三王朝皇帝昭赛尔的金字塔是其中的代表。

昭赛尔金字塔位于开罗以南的萨卡拉，是由祭司伊姆霍特普设计的，是古埃及第一座大型石质金字塔建筑群，长540米，宽278米，外部有10米高的围墙环绕，内部由门廊、前庭、祭坛、阶梯金字塔、庙宇等组成。金字塔主体6层，高62米，基座东西长125米，南北长109米，占地0.013 6平方千米。建造者为了突出皇帝崇拜，以夸张的尺度、巨大的体量和丰富的空间序列，让人心灵震撼，仿佛进入了神秘的世界。其动态内倾的竖向纪念构图为后世的大型皇帝陵墓建设提供了范本。

在尼罗河下游西岸的吉萨高地建的80余座金字塔陵园在当时最为著名，其中规模最大的是胡夫金字塔，又称吉萨大金字塔。在墓园的地下墓室中装饰着大量的雕刻及壁画，描绘了当时宫苑、园林、住宅、庭院及其他建筑风貌，为解读数千年的古埃及的历史、园林及文化留下了宝贵的资料。

古代埃及的墓园对以后欧洲墓地的形制具有一定的影响，墓园也成为欧洲园林的一种形式。

1.1.3 古埃及园林的特征

古埃及园林的形式及其特征，是古代埃及自然条件、社会发展状况、宗教思想和人们生活习俗的综合反映。

（1）空间布局严整对称

古埃及园林大多选择建造在临近河流或水渠的平地上，因此，园内一般地形平展，少有高差上的变化。园地多呈方形或矩形，在总体布局上有统一的构图，采用严整对称的布局形式，显得严谨有序。四周围以高墙，而且园内也以墙体分隔空间，形成若干个独立并各具特色的小空间，互相渗透和联系。这种将园林分隔成数个小型封闭性空间的布局方式，与后来的伊斯兰园林很相似，也许同样是为不同家庭成员的使用要求而设置的，同时也易于形成隐蔽和亲密的空间气氛。

（2）注重植物和水体的应用

在一个比较恶劣的自然环境中，人们首先追求的是如何创造出相对舒适的居住小环境。因此，古埃及人在早期的造园活动中，除了强调种植果树、蔬菜以产生经济效益的实用目的外，还十分重视园林改善小气候的作用。在干燥炎热的气候下，阴凉湿润的环境能给人以天堂般的感受，因此，庇荫作用成为园林功能中至关重要的部分，树木和水体就成了古埃及园林中最基本的造园要素。除了树木的庇荫之外，棚架、凉亭等园林建筑也应运而生。

植物的种类和种植方式丰富多变，如庭荫树、行道树、藤本植物、水生植物及桶栽植物等。甬道上覆盖着葡萄棚架，形成绿廊，既能遮阴、减少地面蒸发，又为户外活动提供了舒适的场所。桶栽植物通常点缀在园路两旁。早期的埃及园林中，花卉品种比较少，种植得也不多，其原因或许也是气候炎热，不希望园林中有鲜艳的色彩。直到古埃及人接触希腊园林之后，花卉装饰才成为一种时尚，在园中大量出现。同时，古埃及人开始从地中海沿岸引进了一些植物，丰富了园林中的植物品种。

水体既可增加空气湿度，又能为灌溉提供水源；既是造景要素，又是娱乐享受的奢侈品，因此成为古埃及园林中不可或缺的组成部分。水池中养鱼、水禽，种植睡莲等，都为园林增添了自然的情趣和生气。

（3）宗教文化和农业生产对造园的影响较大

从社会因素及宗教思想上来看，浓厚的宗教思想及对永恒的生命的追求，促使了相应的圣苑及墓园的产生。同时，园中的动、植物种类的运用也受到宗教思想的影响。

农业生产的需要促进了古埃及引水及灌溉技术的提高，土地规划也推动了数学和测量学的发展，科技的进步在一定程度上也影响到埃及园林的布局。由于天然森林匮乏，而植树又必须开渠引水进行灌溉，这些都使得埃及园林的形成，从一开始就具有强烈的人工气息，因而其布局也采用了整形对称的规则式，给人以均衡稳定的感受。行列式栽植的树木，几何形的水池，都强调了园林的人工气息，反映出古埃及人在恶劣的自然环境中力求以人力改造自然的思想。这正好表明东、西方园林在不同的环境之下，从一开始就代表着两种思维方法，就是朝着两个方向发展的，从而形成世界园林两大体系的先导。当然，这种发展倾向到古希腊、古罗马时代才更加明朗。

1.2 古巴比伦园林（前3500年—前5世纪）

1.2.1 背景介绍

（1）环境条件

巴比伦王国位于底格里斯河、幼发拉底河之间的美索不达米亚平原。如果说尼罗河孕育了古埃及文化，那么，古巴比伦文化则是两河流域的产物。在河流形成的冲积平原上林木茂盛，加之温和湿润的气候，使这一地区美丽富饶。然而，两河的流量受上游地区雨量的影响很大，有时亦会泛滥成灾。

（2）历史背景

两河流域一马平川的地形，使得这里无险可守，以致战乱频繁。其历史简表如下（表1-3）。

表1-3　古巴比伦历史简表

时　间	事　件	影　响
前4000	苏美尔人和阿卡德人建立了奴隶制国家	
前1900	阿摩利人建立了强盛的巴比伦王国	当时两河流域的文化与商业中心
前1600	被赫梯人所灭。亚述趁机独立，并在公元前8世纪征服了巴比伦	
前612	迦勒底人打败亚述人，建立迦勒底王国	国王尼布甲尼撒统治时为其鼎盛时期，成为西亚的贸易及文化中心
前539	波斯人占领两河流域，建立波斯帝国	
前331	亚力山大大帝最终使巴比伦王国解体	

1.2.2　古巴比伦园林的类型

（1）猎苑

两河流域雨量充沛，气候温和，有着茂密的天然森林。进入农业社会以后，人们仍眷恋过去的渔猎生活，因而出现了以狩猎为娱乐目的的猎苑。猎苑是在天然森林的基础上经过人工改造形成的（图1-24）。

公元前800年之后，对亚述国王们的猎苑不仅有文字记载，而且宫殿中的壁画和浮雕也描绘了狩猎、战争、宴会等活动场景，以及以树木作为背景的宫殿建筑图样。从这些史料中可以看出，猎苑中除了原有森林以外，人工种植的树木主要有香木、意大利柏木、石榴、葡萄等，苑中豢养一些动物供帝王、贵族们狩猎，并引水在苑中形成贮水池，可供动物饮用。此外，苑内堆叠着土丘，其上建神殿、祭坛等。这种对猎苑的描述使人联想到中国古代的囿，二者产生的年代竟也是十分接近，这也许是人类由游牧社会转向农业社会初期的共同心态所致吧（图1-25、图1-26）。

（2）圣苑

古埃及由于缺少森林而将树木神化，古巴比伦虽有郁郁葱葱的森林，但对树木的崇敬却不比古埃及逊色。在远古时代，森林便是人类躲避自然灾害的理想场所，这或许是人们神化树木的原因之一。

出于对树木的尊崇，古巴比伦人常常在庙宇周围呈行列式地种植树木，形成圣苑，这与古埃及圣苑的情形十分相似（图1-27）。据记载，亚述国王萨尔贡二世（Sargon Ⅱ，前722—前705在位）的儿子圣那克里布（Sennacherib，前705—前680在位）曾在裸露的岩石上建造神殿，祭祀亚述历代守护神。从发掘的遗址看，其占地面积约0.016平方千米，建筑前的空地上有沟渠及很多成行排列的种植穴，这些在岩石上挖出的圆形树穴深度竟达1.5米（图1-28），可以想象，林木幽邃、绿荫翠幕中的神殿，是多么的庄严肃穆。

（3）宫苑（空中花园）

被誉为古代世界七大奇迹之一的"空中花园"（又称悬园）（图1-29至图1-31），关于其建造目的，曾有种种说法，直到19世纪，一位英国的西亚考古专家罗林森爵士（Sir Henry Creswicke Rawlinson，1801—1895）解读

图1-24　古巴比伦猎苑示意图

图1-25　猎苑中的鹿

图1-26　科尔撒巴德猎苑中的寺院和丘陵

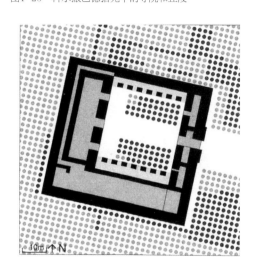

图1-27　古巴比伦圣苑平面图

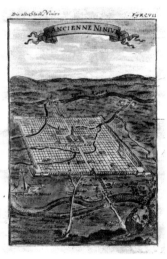

图1-28　圣那克里布时期古尼尼微城

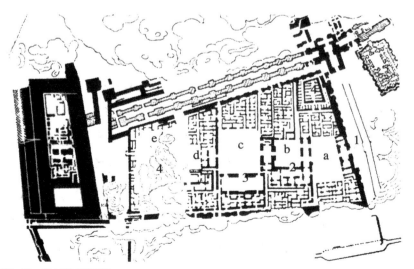

图1-29　空中花园平面图

1.主入口；2.客厅；3.正殿；4.空中花园

a.入口庭院；b.行政庭院；c.正殿庭院；d.王宫内庭院；e.哈雷姆庭院

图1-30 空中花园复原图

图1-31 古巴比伦空中花园意象效果图

了当地砖刻的楔形文字，才确认了其中一种说法：它是尼布甲尼撒二世为其王妃建造的，王妃出生于伊朗西北部山区的米底王国，为满足王妃对家乡的思念之情，建造了这种类似于在高山上的屋顶花园。

空中花园现已全部被毁，其规模、结构等均是从古希腊、古罗马史学家们的著作中了解到的。空中花园并非悬在空中，而是层层叠叠的花园。每一台层的外部边缘都有石砌的、带有拱券的外廊，其内有房间、洞府、浴室等；台层上覆土，种植树木花草，台层之间有阶梯联系。空中花园最下层的方形底座边长约140米，最高台层距地面约22.5米。这些覆被着植物越往中心越升高的台层，宛如绿色的金字塔耸立在巴比伦的平原上。蔓生和悬垂植物及各种树木花草遮住了部分柱廊和墙体，远远望去仿佛立在空中一般，空中花园或悬园便因此而得名。

空中花园被认为是现代屋顶花园建造的来源，对后世建造屋顶绿化方面的结构、材料、工艺和引水、排水、防水等技术方面有很高的参考价值。

古巴比伦除了以上的园林类型和实例外，在城市建设、观象台、住宅建造方面都有突出的成就（图1-32、图1-33）。

1.2.3　古巴比伦园林的特征

（1）自然条件和宗教文化影响园林类型

从古巴比伦园林的形成及其类型方面看，有受当地自然条件的影响而产生的猎苑，有受宗教思想的影响而建造的神苑。至于宫苑和私家宅园所采用的屋顶花园的形式，则既有地理条件的影响因素，也有工程技术发展水平的保证，如提水装置、建筑构造等，拱券结构正是当时两河流域地区流行的建筑样式。这些条件也是各个时代、各个民族园林形式及特征形成的基本因素（图1-34）。

（2）园林选址多在土丘地带

由于两河流域多为平原地带，因此，人们十分热衷于堆叠土山。猎苑内通常堆叠着数座土丘，用于登高瞭望，观察动物的行踪。有些土山上还建有神殿、祭坛等建筑物。

（3）重视园林植物的应用

进入农业社会以后，人们仍眷恋过去的渔猎生活，因而将一些天然森林人为改造成以狩猎娱乐为主要目的的猎苑。苑中增加了许多人工种植的树木，品种主要有香木、意大利柏木、石榴、葡萄等，同时豢养着各种用于狩猎的动物。在缺少天然森林的古埃及，人们将树木神化而大量植树造林。而在森林茂密的古巴比伦，人们对树木同样怀有崇敬之情。因此，在古巴比伦的神庙周围，也常常建有圣苑，其树木呈行列式种植，与古埃及圣苑的情形十分相似。

（4）屋顶花园建造技术先进

就古巴比伦的宫苑和宅园而言，最显著的特点就是采取类似今天的屋顶花园的形式。在炎热的气候条件下，为避免居室受到阳光的直射，人们通常在房屋前建造宽敞的走廊，起到通风和遮阴的作用。同时，人们还在屋顶平台上铺以泥土，种植花草树木，成为屋顶花园。当灌溉技术发展到一定的高度，屋顶花园中还设有灌溉设施。作为古巴比伦宫苑代表作品的空中花园，就是建造在数层平台上的屋顶花园，反映出当时的建筑承重结构、防水技术、引水灌溉设施和园艺水平等，都发展到了相当高的程度。

1.3　古希腊园林（前3000年—前1世纪）

1.3.1　背景介绍

（1）地理区位

古希腊的版图不仅限于欧洲东南部的希腊半岛，还包括地中海东部爱琴海一带的岛屿，以及北面的马其顿、色

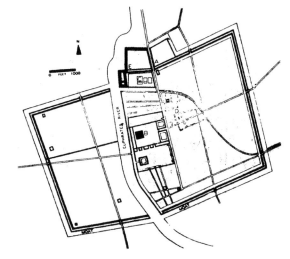

图1-32　新巴比伦城平面图
A.伊土塔尔门；B.观象台；C.空中花园；D.老城街区；E.城堡

图1-33　新巴比伦城通天塔想象图

图1-34　古巴比伦民宅平面图

雷斯、亚平宁半岛和小亚细亚西部的沿海地区。

（2）自然条件

古代希腊半岛多山，山峦之间有一块块平原和谷地。半岛内部交通不便，但是海岸曲折，港湾很多，为海上交通提供了良好的条件，海中诸岛的航海事业则更为发达。希腊几乎没有大河，而且多为季节性河流。典型的地中海气候，夏季炎热少雨，冬季温暖湿润。

（3）历史背景

从公元前2000年到公元前1200年左右，出现了以克里特岛和迈锡尼为中心的米诺斯文明和迈锡尼文明，统称为爱琴文明。公元前800年至公元前400年左右出现了希腊文明，此后被马其顿的亚历山大大帝征服。公元前168年，罗马帝国以武力征服了古希腊。古希腊是欧洲文明的摇篮，古希腊文化对古罗马世界以及后世的欧洲文化影响很大。古希腊文化源于爱琴文化，其历史简表如下（表1-4）。

表1-4 古希腊历史简表

文化阶段	时 间	中心城市	重要阶段
爱琴文明	前2000—前1400	克里特岛	米诺斯文明
	前1400—前1200	迈锡尼	迈锡尼文明
希腊文明	前800—前600		古风时期
	前600—前400		古典时期

（4）文化艺术

古希腊虽由众多的城邦组成，却创造了统一的古希腊文化。古希腊人信奉多神教，他们为众神编织了丰富多彩的神话。希腊神话源于克里特岛的米诺斯文化和迈锡尼文化，在罗马时代仍然得到不断的发展。古希腊的哲学家、史学家、文学家、艺术家们大都以希腊神话作为创作的素材。

为了满足祭祀活动的需要，古希腊建造了很多庙宇。在祭祀的同时，往往还有音乐、戏剧表演、诗歌朗诵及演说等活动。阿多尼斯是希腊神话中的一位美少年，被爱和美的女神阿佛洛狄忒（即罗马神话中的维纳斯）所爱（图1-35）。阿多尼斯在狩猎中被野猪咬死，由于阿佛洛狄忒的爱感动了冥王哈得斯，哈得斯允许阿多尼斯一年中有6个月回到光明的大地与爱人相聚。每年春季，雅典的妇女都集会庆祝阿多尼斯节，届时在屋顶上竖起阿多尼斯的雕像，周围环以土钵，钵中种的是发了芽的莴苣、茴香、大麦等，这些绿色的小苗好似花环一般，代表对神的祭典。这种屋顶花园被称为阿多尼斯花园。这一传统一直延续到罗马时代，据称罗马的阿多尼斯节更为隆重，其盛况可与希腊的酒神节媲美。此后，人们不仅在节日里，平时也将这种装饰固定下来，但不再将雕像放在屋顶上，而是放在花园中，并且，四季都有绚丽的花坛环绕在雕像四周，这大概正是后世欧洲园林中常在雕像周围配置花坛的由来吧！

考古发掘出的公元前5世纪的一件古希腊铜壶上绘制的画面，正反映了对阿多尼斯的祭典。站在梯上的即为阿佛洛狄忒，身有翅膀的是她的儿子爱神爱洛斯，他们正将土钵送到屋顶上去。

古希腊的音乐、绘画、雕塑和建筑等艺术十分繁荣，取得了很高的成就。尤其是雕塑，代表了古代西方雕塑的最高水平。

在西方，美学从一开始就是哲学的一个分支。公元前5世纪前后，希腊陆续出现了一批杰出的哲学家，其中尤以苏格拉底（图1-36）、柏拉图和亚里士多德（图1-37）最为著名。他们共同为西方哲学奠定了基础，对后世影响

图1-35 阿佛洛狄忒与阿多尼斯

深远。

哲学家、数学家毕达哥拉斯认为"数是一切事物的本质，而宇宙的组织在其规定中总是数及其关系的和谐体系"。他指出美就是和谐，并且他深谙"黄金分割"理论。

亚里士多德则十分强调美的整体性，在他的美学思想中，和谐的概念建立在有机整体的概念上。他在其美学名著《诗学》第七章中写道："一个美的事物、一个活东西或一个由某些部分组成之物——不但它的各部分应有一定的安排，而且它的体积也应有一定的大小，因为美要倚靠体积与安排……"

（5）竞技体育

为了战争和生产，人们需要有强健的体魄，因而体育健身活动在古希腊广泛开展，并为此于公元前776年举行了首次奥林匹克竞技会。大量群众性的活动也促进了公共建筑如剧场、运动场的发展（图1-38、图1-39）。

1.3.2 古希腊园林的类型

（1）宫苑

在荷马史诗中已有对宫苑的描述，在它所述及的"英雄时代"，强大的迈锡尼文明似乎已经消逝，古希腊艺术借取东方的经验，形成自己的建筑与装饰风格。荷马时代的一些大型住宅便使人想到亚述时代的殿堂。荷马史诗中描述了克诺索斯王宫富丽堂皇的景象：宫殿所有的围墙用整块的青铜铸成，上边有天蓝色的挑檐，柱子饰以白银，墙壁、门为青铜，而门环是金的……从院落中进入到一个很大的花园，周围绿篱环绕，下方是管理很好的菜圃。园内有两座喷泉，一座落下的水流入水渠，用以灌溉；另一座喷出的水，流出宫殿，形成水池，供市民饮用……

由此可知，当时对水的利用是有统一规划的，并做到了经济、合理。据记载，园内植物有油橄榄、苹果、梨、无花果和石榴等果树。除果树外，还有月桂、桃金娘、牡荆等植物。所谓的花园、庭园，主要以实用为目的，绿篱由植

图1-36 苏格拉底之死

图1-37 柏拉图与亚里士多德

图1-38 埃庇道务剧场（建于公元前4世纪）

图1-39 古代奥林匹亚体育场

物构成，起隔离作用。对喷泉的记载，说明古希腊的早期园林也具有一定程度的装饰性、观赏性和娱乐性（图1-40至图1-43）。

（2）柱廊园

公元前5世纪，古希腊在希波战争中获胜，国力日强，出现了高度繁荣昌盛的局面。古希腊人开始追求生活上的享受，兴建园林之风也随之而起，不仅庭园的数量增多，并且开始由实用性园林向装饰性和游乐性的花园过渡。花卉栽培开始盛行，但种类还不是很多，常见的有蔷薇、三色堇、荷兰芹、罂粟、百合、番红花、风信子等，这些花卉至今仍是欧洲园林中广泛应用的种类。此外，人们还十分喜爱芳香植物。

这时的住宅采用四合院式的布局，一面为厅，两边为住房。厅前及另一侧常设柱廊，而当中则是中庭，以后逐渐发展成四面环绕着列柱廊的庭院。古希腊人的住房很小，因而位于住宅中心位置的中庭就成为家庭生活起居的中心。早期的中庭内全是铺装地面，装饰着雕塑、饰瓶、大理石喷泉等；后来，随着城市生活的发展，中庭内种植各种花草，形成美丽的柱廊园了。

这种柱廊园不仅在古希腊城市内非常盛行，在以后的古代罗马时代也得到了继承和发展，并且对欧洲中世纪寺庙园林的形式也有明显的影响（图1-44、图1-45）。

（3）公共园林

在古希腊，由于民主思想发达，公共集会及各种集体活动频繁，为此建造了众多的公共建筑物，出现了民众均可享用的公共园林。

①圣林

古希腊人对树木怀有神圣的崇敬心理，相信有主管林木的森林之神，把树木视为礼拜的对象，因而在神庙外围种植树林，称为圣林。起初圣林内不种果树，只用庭荫树，如棕榈、悬铃木等。据称，在荷马时代已有圣林，当时只在神庙四周起围墙的作用，后来人们逐渐注重其观赏效

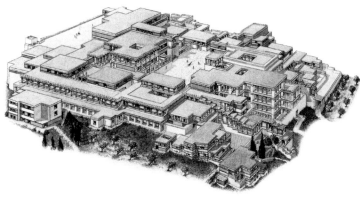

图1-40 克诺索斯王宫复原图

图1-41 克诺索斯王宫遗址局部

图1-42 克诺索斯王宫室内局部

图1-43 克诺索斯王宫遗址

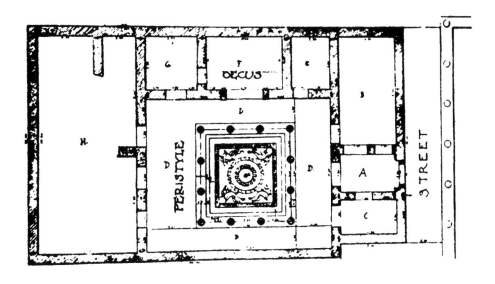

图1-44 带列柱中庭的住宅平面图

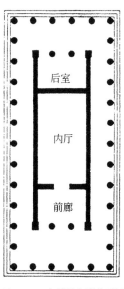

图1-45 古希腊典型的6柱围廊式庙宇平面图

图1-46 古希腊奥林匹亚祭祀场

图1-47 奥林匹亚祭祀场复原图

图1-48 帕特农神庙

果。在奥林匹亚祭祀场（图1-46）的阿波罗神殿周围有60~100米宽的空地，即当年圣林的遗址。后来，在圣林中也可以种果树了。在奥林匹亚宙斯神庙的圣林中还设置了小型祭坛、雕像及瓶饰、瓮等，因此，人们称之为"青铜、大理石雕塑的圣林"。

圣林既是祭祀的场所，又是祭奠活动时人们休息、散步、聚会的地方；同时，大片的林地创造了良好的环境，衬托着神庙，增加其神圣的气氛（图1-47）。

古希腊除了圣林之外，还建有大量的神庙。古希腊人信奉多神教，每一个或两个神就会建一个庙，每家或每个人都有自己的守护神。最有名的神庙是帕特农神庙、胜利神庙、伊瑞克先神庙、宙斯神庙等（图1-48、图1-49）。

②竞技场

由于当时战乱频繁，需要培养一种神圣的捍卫祖国的崇高精神，而打仗又全凭短兵相接，这就要求士兵有强壮的体魄，这些因素推动了希腊体育运动的发展。公元前776年，在希腊的奥林匹亚举行了第一次运动竞技会，以后每隔四年举行一次，杰出的运动员被誉为民族英雄。进行体育训练的场地和竞技场因此纷纷建立起来。开始，这些场地仅是为了训练之用，是一些开阔的裸露地面。以后在场地旁种了遮阴的树木，可供运动员休息，也使观看比赛的观众有良好的环境，并且逐渐发展成大片林地，其中除有林荫道外，还有祭坛、亭、柱廊、座椅等设施，这些场地成为后世欧洲体育公园的前身。

雅典近郊阿卡德米体育场是由哲学家柏拉图建造的，其中亦有上述的一些设施。当时，在雅典、斯巴达、科林多等城市及其郊区都建造了体育场，城郊的规模更大，甚至成为吸引游人的游览胜地。

德尔斐城阿波罗神殿旁的体育场（图1-50），建造在陡峭的山坡上，分成上下两个台层。上层有宽阔的练习场地，下层为漂亮的圆形游泳池。帕加蒙城的季纳西姆体育场（图1-51）规模最大，也建在山坡上，但分为三个台层，台层间的高差达12~14米，有高大的挡土墙，墙上有供奉神像的壁龛。上层台地周围有柱廊环绕，周边为生活间及宿舍，中央是装饰美丽的中庭，中台层为庭园，下台层是游泳池。周围有大片森林，林中放置了众多神像及其他雕塑、瓶饰等。

这种类似体育公园的运动场，一般都与神庙结合在一起，其原因主要是由于体育竞赛往往与祭祀活动相联系，是祭祀活动的主要内容之一。这些体育场常常建造在山坡上，并且巧妙地利用地形布置观众看台。

③学园

古希腊哲学家柏拉图和亚里士多德等人，常常在露天场所公开讲学。如公元前390年，柏拉图在雅典城内的阿卡德莫斯园地开设学堂，聚众讲学（图1-52）。阿波罗神庙周围的园地，也被演说家李库尔格（Lycurgue，前396—前323）做了同样的用途，公元前330年，亚里士多德也常在此聚众讲学。

以后，学者们又开始另辟自己的学园。园内有供散步的林荫道，种有悬铃木、齐墩果、榆树等，还有覆满攀缘植物的凉亭。学园中也设有神殿、祭坛、雕像和座椅，以及纪念杰出公民的纪念碑、雕像等。哲学家伊壁鸠鲁（Epicurus，前341—前270）的学园占地面积很大，充满田园情趣，他因此被认为是第一个把田园风光带到城市中的人。哲学家提奥弗拉斯特（Theophrastos，约前371—前287）也曾建立了一所建筑与庭园结合成一体的学园，园内有树木花草及亭、廊等。

古希腊除了以上的公共园林外，在城市建设方面，露天剧场、广场和敞廊等建筑景观艺术也非常丰富（图1-53至图1-55）。

图1-49　伊瑞克先神庙透视图

图1-50　德尔斐城体育场

图1-51　季纳西姆体育场剖面图

图1-52　庞贝古城的马赛克画描绘的柏拉图学园

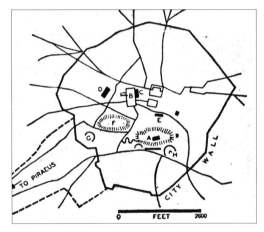

图1-53　古代雅典城平面图
A.卫城；B.阿格拉；C.敞廊；D.薛西姆神庙；E.公民会议厅；F.公共集会场；G.雅典最高法院；H.狄奥尼苏斯剧场

图1-54　雅典的罗马市场

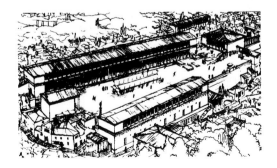

图1-55　阿索斯广场

1.3.3　古希腊园林的特征

（1）空间布局规整均衡

古希腊园林与人们的生活习惯紧密结合，是作为室外活动空间以及建筑物的延续部分来建造的，是属于建筑整体的一部分。由于建筑是几何形的空间，因此，园林的布局形式也采用规则式样以求与建筑相协调。

不仅如此，当时的数学和几何学的发展，以及哲学家的美学观点，也影响到园林的形式。他们认为美是有秩序的、有规律的、合乎比例的、协调的整体，因此，只有强调均衡稳定的规则式园林，才能确保美感的产生。

（2）园林类型多种多样

虽然在形式上还处于比较简单的初始阶段，但是，仍可以将它们看作后世一些欧洲园林类型的雏形，并对其发展与成熟产生了很大影响。古希腊文化对古罗马文化产生直接的影响，并通过古罗马人对欧洲中世纪及文艺复兴时期的意大利文化产生作用。后世的体育公园、校园、寺庙园林等，都留有古希腊园林的痕迹，而且，从古希腊开始就奠定了西方规则式园林的基础。

（3）园林植物培育技术先进

从史料中，人们可大致了解当时希腊园林中植物应用的情况。亚里士多德的著作记载了用芽接法繁殖蔷薇。人们以蔷薇欢迎战胜归来的英雄，或作为赠送给未婚妻的礼品，并用以装饰庙宇殿堂、雕像及供奉神灵的祭品。蔷薇可以算是当时最受欢迎的花卉了，虽然品种不很多，但也培育出一些重瓣品种。在提奥弗拉斯特所著的《植物研究》一书中，记载了500种植物，其中还记述了蔷薇的栽培方法。当时园林中常见的植物有桃金娘、山茶、百合、紫罗兰、三色堇、石竹、勿忘我、罂粟、风信子、飞燕草、芍药、鸢尾、金鱼草、水仙、向日葵等。

此外，根据雅典著名政治家西蒙（Simon，前510—前450）的建议，在雅典城的大街上种植了悬铃木作为行道树，这也是欧洲历史上最早有记载的行道树。

1.4　古罗马园林（前8世纪—公元4世纪）

1.4.1　背景介绍

（1）地理区位

古罗马包括今意大利半岛、西西里岛、希腊半岛、小亚细亚、非洲的北部、西亚西部地区以及西班牙、英国、法国等地区。

（2）自然条件

意大利半岛是个多山的丘陵地区，只在山峦之间有少量平缓的谷地。该地区属典型的地中海气候，气候温暖，四季鲜明。冬季温和多雨，夏季高温闷热，昼夜温差较大，但是在山坡上则比较凉爽。这种地理气候条件对其园林的选址与布局具有一定的影响。

（3）历史背景

早在公元前1500年，这里已有人类居住。公元前1000年左右，不断有印欧语系的民族迁入，主要是伊特拉斯坎人。约公元前800年，他们移至后来的罗马城所在地，建村落，务农牧，用铁器，居茅舍，行火葬，到公元前6世纪，已达到很高的文明程度。

传说古罗马立国于公元前753年。公元前509年废除王政，实行共和制，建立了贵族专政的奴隶制共和国，并开始建造罗马城，其后国力渐盛，其势力波及整个地中海地区。公元前27年，盖乌斯·屋大维乌斯·图里努斯（Gaius Octavius Augustus，前63—公元14）成为罗马帝国的第一代皇帝，称号奥古斯都大帝（Augustus，前27—公元14在位），这时的罗马进入了和平繁荣的黄金时代。公元1—2世纪是罗马帝国鼎盛时期，地跨欧、亚、非三大洲，成为与中国的汉朝同时屹立于东、西方的两大帝国。

（4）文化艺术

①建筑。纪元之初的广场和竞技场呈现出壮丽的景象。著名建筑有哈德良时代的罗马万神庙、古罗马圆形大竞技场、君士坦丁凯旋门、庞贝城等。

②文字。拉丁文字母成为许多民族创造文字的基础。其后产生的基督教，对整个人类产生了深远的影响。

③哲学。实用哲学、斯多葛哲学、新东方哲学和希腊哲学逐渐形成，其中，最有影响的是新柏拉图派哲学。许多新柏拉图派的思想被当时的基督教理论家融入基督教中。

当时，希腊的学者、艺术家、哲学家，甚至一些能工巧匠都纷纷来到罗马，这对古罗马文明的发展起了重要的作用。因此，古罗马在文化、艺术方面表现出明显的希腊化倾向。古罗马人在学习希腊的建筑、雕塑、园林之后，才逐渐有了真正的造园事业，同时，也继承并发展了古希腊园林艺术。

1.4.2　古罗马园林的类型

古罗马园林的类型主要有宅园、别墅庄园、宫苑、圣苑和公共园林等。

（1）宅园

与希腊不同，罗马的宅园有足够的户外空间，其在庞贝和赫库兰尼姆中得到完美体现。

庞贝古城里的主要宅园有维蒂宅园、潘萨宅园、银婚宅园、洛瑞阿斯·蒂伯廷那斯宅园等，大多是与希腊的柱廊园类似的中庭式庭院。

公元前79年，古罗马的庞贝城（图1-56至图1-58）因维苏威火山爆发而被埋没在火山灰下。近代考古学者对庞贝城遗址进行了发掘，并修复了一些宅园。为了达到安全、私密和防污的目的，房子没有窗户，内院由柱廊围合，成为通风走廊，有天井以及种植丰富的植物。大的住宅有柱廊庭院，供生活和娱乐，有些在后院还有矩形的畦供种植蔬菜和花卉之用，有些有雕塑小品（日晷）、喷泉和洞室。雕塑主要是众神像，材料有黄铜、大理石和陶等。

从庞贝城遗址中可以看出，古罗马的宅园通常由三进院落构成，即用于迎客的前庭（通常有简单的屋顶）、列柱廊式中庭（供家庭成员活动的庭院）和真正的露坛式花园，各院落之间一般有过渡性空间，潘萨宅园是典型的布局；维蒂宅园中，前庭与列柱廊式中庭是相通的；弗洛尔宅园则有两座前庭，并从侧面连接；阿里安宅园内有三个庭院，其中两个是列柱廊式中庭。

维蒂宅园在庞贝城中具有一定的代表性（图1-59、图1-60），其前庭之后，是一个面积较大、由列柱廊环绕的中庭。院落三面开敞，一面辟门，光线充足。中庭共有18根白色柱子，采用复合柱式。庭园内布置着花坛，有常春藤

图1-56　庞贝城复原图

图1-57　庞贝城宅园遗址

图1-58　庞贝城街道遗址

图1-59 维蒂宅园柱廊园

棚架，地上开着各色山菊花。中央为大理石水盆，内有12眼喷泉及雕像。柱间和墙隅处，还有其他小雕像喷泉，喷水落入大理石盆中，水柱呈花环状。中庭的面积不是很大，但是由精巧的柱廊、喷泉和雕像组成的装饰效果却简洁、雅致，加上花木、草地的点缀，创造出清凉宜人的生活环境。

古罗马的宅园与希腊的柱廊园十分相似，不同的是在古罗马宅园的中庭里往往有水池、水渠，渠上架小桥；木本植物种在很大的陶盆或石盆中，草木植物则种在方形的花池或花坛中；在柱廊的墙面上往往绘有风景画，使人产生错觉，似乎廊外是景色优美的花园，这种处理手法不仅增强了空间的透视效果，而且让人有空间扩大了的感觉。洛瑞阿斯·蒂伯廷那斯宅园即是如此（图1-61至图1-64）。

（2）别墅庄园

古罗马的庄园内既有供生活起居用的别墅建筑，也有宽敞的园地，园地一般包括花园、果园和菜园。花园又可划分为供散步、骑马及狩猎用的三部分。建筑旁的台地主要供散步用，这里有整齐的林荫道。

至于狩猎园则是有高墙围着的大片树木，林中有纵横交错的林荫道，并放养各种动物供狩猎、娱乐用，类似古巴比伦的猎苑。

罗马的别墅是包括住宅、花园和众多附属建筑的宫殿式住宅，有城市别墅和乡村别墅之分，一般建有圣林、体育场、神庙、林园和洞室等。在一些豪华的庄园中甚至建有温水游泳池，或者有供开展球类游戏的草地。总之，这时庄园的观赏性和娱乐性已明显增强了。

古罗马的庄园别墅代表主要有公元79年Oplontis 的Poppaea 别墅（图1-65），公元100年在劳伦提诺姆建的普林尼别墅以及托斯卡纳庄园等。公元408年，北方异族入侵意大利时，罗马城区内有大小庭园的宅第多达1 780座。

①托斯卡纳庄园

庄园周围环境优美，群山环绕，林木葱茏。依自然地势形成一个巨大的阶梯剧场，远处的山岳上是葡萄园和牧场，从高处俯瞰，景观令人陶醉。

在别墅前面布置一座花坛，环以园路，两边有黄杨篱，外侧是斜坡，坡上有各种动物造型的黄杨，其间种有花卉。花坛边缘的绿篱修剪成各种不同的栅栏状。园路的尽头是林荫散步道，呈运动场状，中央是上百种不同造型的黄杨和其他灌木，周围有墙和黄杨篱。花园中的草坪也是经过精心修剪的。此外，还有果园，园外是田野和牧场（图1-66）。

图1-60 维蒂宅园壁画

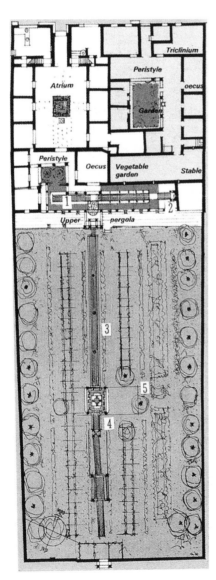

图1-61 洛瑞阿斯·蒂伯廷那斯宅园平面图
1.横渠；2.壁画；3.长渠；4.euripus小庙；5.后
花园

图1-62 住宅与花园衔接的横渠

图1-63 长渠中间纪念性喷泉后的小庙

图1-64 横渠端部的壁画

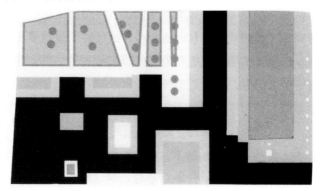

图1-65 Oplontis 的Poppaea 别墅平面图

别墅建筑入口是柱廊，柱廊一端是宴会厅，厅门对着花坛，透过窗户可以看到牧场和田野风光。柱廊后面的住宅围合出托斯卡纳式的前庭，还有一个较大的庭园，园内种有四棵悬铃木，中央是大理石水池和喷泉，庭园内阴凉湿润。庭园一边是安静的居室和客厅，有一处厅堂就在悬铃木树下，室内以大理石做墙裙，墙上有绘着树林和各色小鸟的壁画。厅的另一侧还有小庭园，中央是盘式涌泉，带来欢快的水声。

园内有一个充满田园风光的地方，与规则式的花园形成强烈的对比。在花园的尽头，有一座供休息的凉亭，四根大理石柱支撑着棚架，下面是白色大理石桌凳。当在这里进餐时，将主要的菜肴放在中央水池的边缘，而次要的则盛在船形或水鸟形的碟上，搁在水池中。

其设计特点是：无论是庄园或宅院都采用规则布局，尤其在建筑物附近，常常是严整对称的。但是，古罗马人也很善于利用自然地形条件，园林选址常在山坡上或海岸边，以便借景。而在远离建筑物的地方则保持自然面貌，植物也不再修剪成型。

②普林尼别墅

别墅建于公元1世纪，是罗马富翁小普林尼在离罗岛27.36千米的劳伦替诺姆海边建造的别墅园（图1-67、图1-68）。

其设计特点是：选址面朝大海，建筑环抱海面，留有大片露台，露台上布置规则的花坛，可在此活动，观赏海景。园林的布局与建筑的朝向、开口，以及植物的配置、疏密，都与自然相结合。从海面望此园景，前有黄杨矮篱，后有浓密树林，富有层次感。建筑内有三个中庭，布置有水池、花坛等，很适宜休息闲谈；入口处是柱廊，有塑像。各处还种有香花，香气四溢。主要树木为无花果树和桑树，还有葡萄藤架和菜圃。建筑小品有凉亭、大理石花架等，内容十分丰富。

该别墅设计重视与自然的结合，同时重视实用功能，值得我们学习借鉴。

（3）宫苑

古罗马宫苑发展历史悠久，宫苑的规模大小和空间布局不同，类型各异。在帕拉蒂尼山上的帝王宫殿就是由马其顿、迈锡尼、克里特和西亚的早期宫殿发展而来，其建筑相互交织，有顶柱廊、户外庭院，有奥古斯都宫殿、迷宫、柱廊庭院、水池、喷泉、跑马场、浴场等，是罗马最大的园林。

哈德良宫苑坐落在梯沃里的山坡上，它是罗马帝国的繁荣与生活品位在建筑园林上的集中表现。哈德良精通相星术，善诗文，倡导艺术，喜爱狩猎和游览山川。他在位期间曾多次出巡，足迹遍及全罗马帝国。大约公元124年，他在梯沃里建造了壮丽恢宏的宫苑（图1-69）。据说皇帝本人也参与了宫苑的规划，期望在其中汇集出巡时给他留下最难忘印象的景物。

宫苑的中心部分为规则式布局，其他部分则顺应自然地势（图1-70）。园林部分变化丰富，既有附属于建筑的规则式庭园、柱廊园，也有布置在建筑周围的花园，如图书馆花园。还有一些希腊式花园，如绘画柱廊园，以回廊和墙围合出100米宽、200米长的矩形庭园，中央有水池。回廊采用双廊的形式，一面背阴，一面向阳，适宜夏、冬季使用。柱廊园北面还有花园，如有模仿希腊哲学家学园的阿卡德米花园，园中点缀着大量的凉亭、花架、柱廊等，其上覆满了攀缘植物，柱廊或与雕塑结合，或柱子本身就是雕塑。

整个宫苑以水体统一全园，有溪、河、湖、池及喷泉等。园中有一间半圆形餐厅，位于柱廊的尽头，厅内布置了长桌及榻，有浅水槽通至厅内，槽内的

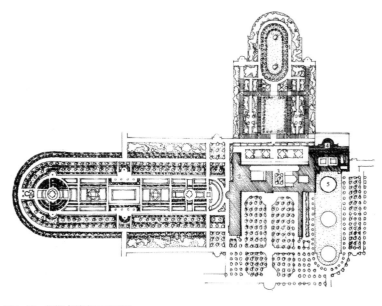

图1-66　托斯卡纳庄园平面图
1.环形林荫道；2.建筑；3.四悬铃木庭院；4.水池；5.球场；6.凉亭

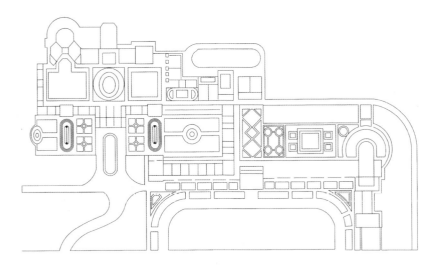

图1-67　普林尼别墅平面图

图1-68　普林尼别墅效果图

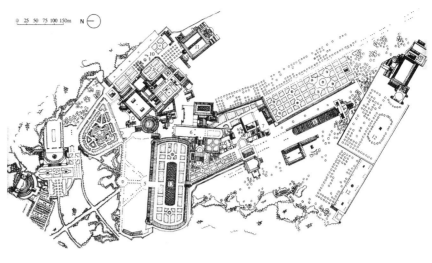

图1-69 哈德良宫苑平面图
1.小剧场；2.图书馆花园；3.海上剧场；4.画廊；5.画廊花园；6.竞技场；7.浴场；8.运河；9.内庭院；10.皇宫；11.黄金广场；12.哲学园；13.艾弗利普水池；14.塞拉皮雍神庙

图1-70 哈德良宫苑

流水可使空气凉爽，酒杯、菜盘也可顺水槽流动（这使我们联想到中国园林中的流杯亭），夏季还有水帘从餐厅上方悬垂而下（图1-71）。园内还有一座建在小岛的水中剧场，岛中心有亭、喷泉，周围是花坛，岛的周边以柱廊环绕，有小桥与陆地相连（图1-72）。

在宫殿建筑群的背后，面对着山谷和平原，延伸出一系列大平台，平台上设有柱廊及大理石水池，形成极好的观景台。在宫苑南面的山谷中，有称为"卡诺普"的景点，是哈德良举办宴会的场所。卡诺普原是尼罗河三角洲的一个城市，那里有一座朝圣者云集的塞拉比神庙，朝圣者们常围着庙宇载歌载舞。哈德良宫苑中还保存着运河，尽管水已干涸，但仍隐约可辨。运河边有洞窟，过去有塞拉比的雕像，并装饰着许多直接从卡诺普掠夺来的雕像。

（4）圣苑

罗马的圣苑一般在城市中，圣坛设在花园中。在期初，圣苑只是树林里或

图1-71 哈德良宫苑水边餐厅

图1-72 哈德良宫苑水剧场

清泉洞边的一处祭台。后来加入了神像和建筑的要素，包括神庙和装纳供品的藏宝库。重要的圣林变成带围墙的圣苑。内有装饰性的植物，定居点在附近发展，也有圣林建在城镇的外面。

代表性的圣苑有尼姆的梅宋卡瑞神庙，罗马的维纳斯与罗马神庙、万神庙，巴勒贝克神庙、牧农神庙、协和神庙等寺庙园林和哈德良陵墓园林（图1-73至图1-76）。

（5）公共园林

古罗马的公共园林包括城市及其广场、剧场、竞技场、浴场、巴西利卡、集市等类型，其中还有凯旋门、纪功柱、输水道等。

著名的有庞贝城、罗马市中心广场群、提姆加德城、罗马大角斗场、罗马公共浴场、卡瑞卡拉浴场、戴克里先浴场、凯旋门、图拉真纪功柱、古罗马的巴西利卡、奥朗日剧场、加尔桥等。

①罗马市中心广场群。古罗马城是沿着台伯河，围绕七个山丘而建的。罗马广场约建于公元前2世纪至公元2世纪，共和国时期是城市的政治活动中心，也是市民集会和交易的场所。设计者是大马士革的叙利亚人阿波罗多拉斯。帝国时期是帝王个人崇拜的场所，布局严谨对称，主题建筑通常是神庙。平面呈矩形，长宽约90米×120米，入口为凯旋门，左右两边有半圆形的次广场，末端是

图1-73　哈德良陵墓

图1-74　巴勒贝克神庙中的朱庇特神庙

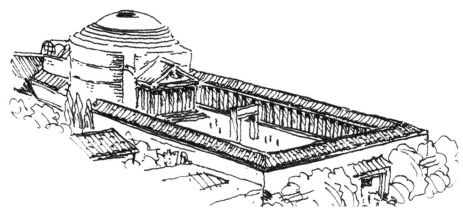

图1-75　万神庙手绘图

图1-76　牧农神庙

图拉真巴西利卡。广场中央立图拉真骑马铜像，四周是柱廊，廊后是商店。广场整体具有雄伟庄严的艺术效果（图1-77至图1-79）。

②庞贝城。庞贝城建于公元前6世纪，东西长约1 200米，南北宽约700米。城内道路主次分明，主干道宽约7米，次街道宽2.4~4.5米。城西南是中心广场（图1-80、图1-81）。

③加尔桥。加尔桥位于法国加尔省，建于公元14年，是古罗马尼姆城供应城市生活用水而建的输水道。原长约40千米，现仅存横跨加尔河谷的一段268.83米，渡槽最高处离地面约48米（图1-82）。

1.4.3　古罗马园林的特征

早期的古罗马园林以实用为主要目的，包括果园、菜园和种植香料及调料植物的园地，以后逐渐加强了园林的观赏性、装饰性和娱乐性。

（1）选址结合地形特点

由于古罗马城本身就建在几个山丘上，因而建造花园时便常常将坡地辟为数个台层，布置景物。夏季，山坡上气候较平地更为宜人，又可眺望远景，视野开阔，更促使人们在山坡上建园，这也是后来文艺复兴时期意大利台地园发展的基础。

（2）规则式的空间布局

古罗马人把花园视作宫殿、住宅的延续部分，因而在规划上采用类似建筑的设计方式，地形处理上也是将自然坡地切成规整的台层。园内装饰着规整的水体，如水池、水渠、喷泉等；有雄伟的大门、洞府，直线和放射形的园路两边是整齐的行道树；作为装饰物的雕像置于绿荫树下；几何形的花坛、花池，修剪整齐的绿篱，以及葡萄架、菜圃、果园等，一切都体现出井然有序的人工美。规则式园林形式也是受古希腊园林影响的结果。

（3）重视植物造型的运用

有专门的园丁从事植物造型的工作，在古罗马，这些园丁被视为真正的艺术家。这项工作开始只是将一些萌发力强、枝叶茂密的常绿植物修剪成篱，以后则日益发展，将植物修剪成各种几何形体、文字、图案，甚至一些复杂的牧人或动物形象，这些植物造型称为绿色雕塑或植物雕塑。常用的植物为黄杨、

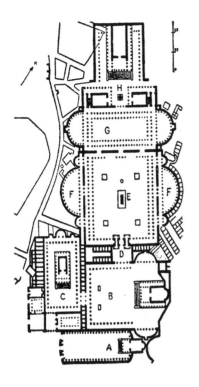

图1-77　罗马城中心广场群平面图
A.奈法广场；B.奥古斯特广场；C.恺撒广场；
D.凯旋门；E.图拉真像；F.市场；G.巴西利卡；
H.图拉真纪功柱

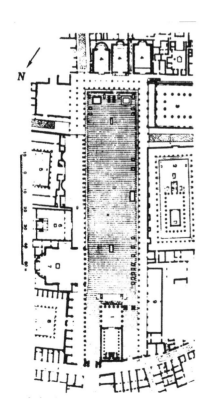

图1-80　庞贝城中心广场平面图
1.朱庇特神庙；2.阿波罗神庙；3.巴西利卡；
4.议会厅；5.女僧院；6.帝王神庙；7.守护神
庙；8.集市；9.蔬菜市场

图1-78　古罗马集市遗址

图1-79　罗马广场遗址

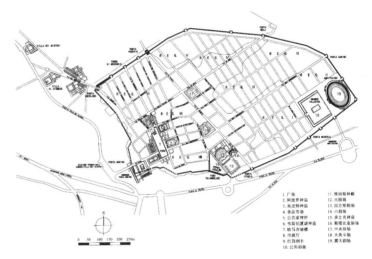

图1-81　庞贝城平面图

图1-82　加尔桥

紫杉和柏树。

古罗马园林中常见的乔、灌木有：悬铃木、白杨、山毛榉、梧桐、槭、丝杉、柏、桃金娘、夹竹桃、瑞香、月桂等。罗马人还将遭雷击的树木看作是神木倍加崇拜。果树有时按五点式（呈梅花形）或"V"形种植，起装饰作用。据记载，当时已运用芽接和裂接的嫁接技术来培育植物。

（4）蔷薇等花卉专类园流行

花卉种植除一般花台、花池的形式外，开始有了蔷薇专类园。蔷薇园在以后欧洲园林中都曾十分流行，专类园的种类后来还有杜鹃园、鸢尾园、牡丹园等，这些花卉专类园至今仍深受人们的喜爱。在花卉贫乏的冬季，罗马人一方面从南方运来花卉，另一方面在当地建造暖房。当时用云母片铺在窗上，这是西方最早出现的"温室"。罗马城内还成立了蔷薇交易所，每年从亚历山大城运去大量蔷薇。此外，罗马人还从希腊运去大师的雕塑作品，有些被集中布置在花园中，形成花园博物馆，这可谓是当今盛行的雕塑公园的始祖了。花园中雕塑应用也很普遍，从雕刻的栏杆、桌、椅、柱廊，到墙上的浮雕、圆雕等，这些雕塑为园林增添了装饰效果。

总之，古罗马园林在历史上的成就非常重要，而且园林的数量之多、规模之大，也十分惊人。据记载，当罗马帝国崩溃时，古罗马城及其郊区共有大小园林达180处之多。古罗马人将古希腊园林传统和古代西亚园林的元素融合到古罗马园林之中，并且由于罗马时代出现在希腊时代之后，涉及的范围更大，因此对后世欧洲园林艺术的影响也更直接，这可从一些早期欧洲园林的遗迹中明显地看出来。

1.5 古代西方造园技术思想的当代借鉴

古埃及为了引水灌溉，园林选址一般都在临近河流地带，特别是尼罗河三角洲地区，所以给我们的启示就是园林的选址应结合地形的现状来考虑。由于古埃及大部分地区属于热带沙漠气候，为了创造凉爽宜人的环境，古埃及人重视对花草树木的培育，因此，气候特点会影响不同地区的造园特色。引水、灌溉、测量等技术的提高，影响到古埃及园林的布局和发展，反映了科技和生产力是园林的物质基础。而宗教信仰的推崇，促进了圣苑的兴建，特别是金字塔、神庙、圣林等的修建，所以，园林除了实用以外，精神和心灵上的需求也是不可忽视的。

古巴比伦的猎苑也是根据当地的地理和气候特点而形成的，现代造园应该首先考虑自然地理条件对园林的影响。空中花园的引水、防水、施工工艺等方面突出的成就对现代屋顶花园的建造技术有很大的启示和借鉴。

古希腊的公共园林对当今的影响是巨大的。竞技体育场的建造，特别是奥林匹克精神至今仍然激励着一代又一代的人们崇尚体育、锻炼良好的体魄。学园的建造对当今校园的建设也有很大的启迪。

古罗马的花园是寄托情感和喜好的场所，同时也是神灵生活的场所，园林除了实用的功能之外，精神的愉悦和寄托是不能忽视的。柱廊园建立了建筑与自然之间的关系，类似于中国的天井，除了承重、采光、通风等日常的功能之外，借景的作用不言而喻。雕塑和小品的应用技巧使园林变得更加的丰富和具有艺术氛围。

【拓展训练】

1.讨论古埃及园林对古罗马园林产生的影响。

2.描绘你所想象的古巴比伦"空中花园"，画出平面图和效果图。

3.动手制作古希腊柱廊园的模型，并说说你对柱廊园的理解。

4.抄绘哈德良庄园的平面图，思考其对后来意大利文艺复兴园林的影响。

5.阅读维特鲁威的《建筑十书》、荷马的《伊利亚特和奥德赛》、老普林尼的《自然史》。

2 中世纪西欧园林（5—15世纪）

【课前热身】

查看BBC纪录片：《中世纪思潮》《中世纪生活》《如何读懂教堂》。

【互动环节】

中世纪是一段怎样的历史？它对西方文明究竟产生了什么影响？

2.1 背景介绍

（1）中世纪的含义

"中世纪"一词是15世纪后期人文主义者首先提出的，指西欧历史上从5世纪罗马帝国的瓦解，到14世纪文艺复兴时代开始前这一段时期，历时大约1000年。这段时期又因古代文化的光辉泯灭殆尽，崇尚古代和文艺复兴文化的近代学者常把这段时期称为"黑暗时期"。在这个动荡不定的岁月中，人们纷纷到宗教中寻求慰藉，基督教因而势力大增，渗透到人们生活的各个方面。因此，中世纪的文明基础主要是基督教文明，同时也有古希腊、古罗马文明的残余。

（2）历史背景

随着罗马帝国的分裂，基督教也分为东教会（东正教）及西教会（天主教），教会内部有严格的封建等级制度。在西罗马灭亡后的几百年中，天主教首领同时兼世俗政权的统治者，形成政教合一的局面。教会本身也是大地主，极盛时，教会拥有全欧洲四分之一至三分之一的土地。

中世纪最重要的社会集团是贵族。大贵族既是领主，又依附于国王、高级教士或教皇。领主们在自己的领地内享有司法、行政和财政权，其土地层层分封，形成公爵、侯爵、伯爵等不同等级；为大贵族当扈从的骑士则构成小贵族，他们也在其领地内享有各种权利，并履行各种义务。有大量土地的主教区内又设有许多小教区，由牧师管理。

（3）文化艺术

中世纪经济穷困，生产落后，政治腐化，战争频繁，社会动荡不定，这些都不利于文化的发展。加之教会仇视一切世俗文化，采取愚民政策，垄断文化大权，他们排斥希腊、罗马时代的古典文化，认为只有禁欲主义、刻苦修行的基督教义才是真理，此外一切知识都是无用的，甚至视之为邪恶的源泉。

在美学思想上，中世纪虽然仍保留着古希腊、古罗马的影响，但却与宗教联系更紧密，把"美"看成是上帝的创造。哲学家圣奥古丁（St Augustine，354—430）（图2-1）认为美是"统一"与"和谐"，物体的美在于各部分的适当比例和统一，再加上悦目的颜色。这无疑来自亚里士多德的观点。同时，他还受毕达哥拉斯的影响，把数加以绝对化和神秘化，认为现实世界是由上帝按照数学原则创造出来的，所以才显出统一、和谐的秩序。除此以外，中世纪在美学思想上基本处于停滞状态，直到诗人但丁（Dante 1265—1321）（图2-2）的出现，这种局面才开始转变。

图2-1 哲学家圣奥古丁

图2-2 诗人但丁

2.2 中世纪西欧园林概况

中世纪的政治、经济、文化、艺术及美学思想对这一时期的园林有非常明显的影响。欧洲的封建社会虽有强大、统一的教权，而政权却分散独立。因此，只有以实用性为主的修道院庭园和简朴的城堡庭园。由于小型的城市规模，因此，园林发展很受局限。

中世纪的西欧园林可以分为两个时期：前期的修道院庭园时期，它是以意大利为中心发展起来的；后期的城堡庭园时期，它在法国和英国留下了一些实例。

2.2.1 修道院庭园

在古罗马的和平时代结束之后，是长达几个世纪的动荡岁月，人们很自然地会到宗教中寻求慰藉。欧洲各民族早已在罗马帝国的统治下接受了基督教，所以当他们建立了自己的国家之后，均以基督教为国教。因此，在欧洲，基督教势力渗透到人们生活的各方面，造园也不例外。在战乱频繁之际，教会所属的修道院较少受到干扰，教会人士的生活也相对地比较稳定，他们有条件在修道院里创造一种宁静、幽雅的环境，为此促进了修道院庭园的发展。

早期的修道院多建在人迹罕至的山区，修道士过着极其清贫的生活，既不需要也不允许有园林与之相伴。以后，随着修道院进入到城市，这种局面才逐渐有了转变。

（1）圣·高尔修道院

圣·高尔修道院（图2-3）于9世纪初建在瑞士的康斯坦斯湖畔，占地约0.017平方千米，内有修道士们日常生活的一切设施。全院分为三个部分（图2-4）：①中央部分为教堂及修道士用房、院长室等；②南部及西部为畜舍、仓库、食堂、厨房及工场、作坊等附属设施；③东部为医院、修道士房、药草园、菜园、果园及墓地等。中央部分有典型的以建筑围绕的中庭柱廊园，十字形园路当中为水池，周围四块草地；在医院及修道士房、客房建筑之间也有面积很小的庭园。此外，在医院及医生宿舍有药草园，内有12个长条形畦，种植了16种草本药用植物，有的药用植物同时也具有观赏价值。墓

图2-3 圣·高尔修道院

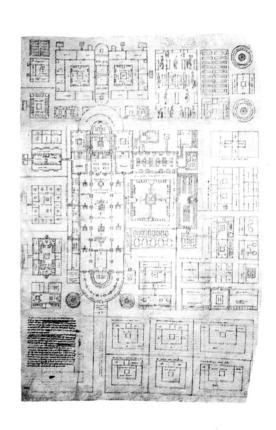

图2-4 圣·高尔修道院平面图

地内整齐地种植了15种果树，有苹果、梨、李、花楸、桃、山楂、胡桃等，周围有绿篱围绕；墓地以南是排列着18个畦的菜园，其中种植了胡萝卜、糖萝卜、荷兰防风草、香草、卷心菜等。

圣·高尔修道院的规划反映出教会自给自足的特征，同时，教会掌握着文化、教育、医疗大权，修道院里有学校、医院宿舍、病房、药草园等。在总体规划上功能分区明确，庭园则随其功能而附属于各区，显得井然有序。

（2）坎特伯雷修道院

英国的坎特伯雷修道院（图2-5）于1165年设计，平、立面混合布置，从保留下来的平面图看，有完整的供水和排水系统。修道院中也有与圣·高尔修道院类似的中庭、药草园、菜园及墓地，在主要的中庭内有很大的水池，供养鱼及灌溉用，这在英国修道院中是十分重要的。

一些保留至今的修道院，其布局还保留着当年的痕迹，著名的有意大利罗马的圣保罗修道院、西西里岛的蒙雷阿莱修道院以及圣迪夸德寺院等。

另外，当时不同教派的修道院庭园也略有不同，如卡尔特教派戒律最严，要求修道士过孤独、沉默的生活，因此，除中庭外，每个修道士都有单独的小庭园，这里既是他们个人生活的小天地，又是他们管理花草树木的劳动场所。巴维亚修道院以及佛罗伦萨附近的瓦尔埃玛修道院都有类似的小庭园。

2.2.2　城堡庭园

中世纪前期，为了便于防守，城堡多建在山顶上，由带有木栅栏的土墙及内外干壕沟围绕，当中为高耸的、带有枪眼的碉堡式中心建筑作为住宅。11世纪，诺曼人在征服英格兰之后，动乱减少了，石造城墙代替了土墙木栅栏，城堡外有护城河，城堡中心的住宅仍有防御性。诺曼人喜爱园艺，他们开始在城堡内空地上布置庭园，但其水平不及当时的寺院庭园。

11世纪之后，实用性庭园逐渐具有了装饰和游乐的性质，十字军东征对这种变化无疑具有一定的影响。去圣地朝拜的骑士们，在拜占庭和耶路撒冷等东方繁华的城市中，感受到东方文化的精致和生活的奢侈，他们把东方文化，包括精巧的园林情趣，甚至一些造园植物带回欧洲。12世纪时，出现了一些有关王公贵族花园的文字记述和绘画作品。

13世纪法国寓言长诗《玫瑰传奇》，是描述城堡园林最详尽的资料，作者是吉尧姆·德·洛里斯（Guillaume，约1200—1240），写于1230—1240年。《玫瑰传奇》的手抄本中还有一些插图（图2-6至图2-8），虽然作者只是将园林作为背景，着重描写人们在园中的生活情景，但从中仍可以看出园林的布局：果园四周环绕着高墙，墙上只开有一扇

图2-5　坎特伯雷修道院

图2-6　《玫瑰传奇》中描绘的城堡园林生活情景

图2-7　《玫瑰传奇》中描绘的城堡园林

图2-8 《玫瑰传奇》中描绘的城堡园林生活情景

小门；以墙及壕沟围绕的庭园里有木格子墙，将场地分隔为不同的空间；草地中央有喷泉，水由铜狮口中吐出，落至圆形的水盘中；喷泉周围是纤细的、天鹅绒般的草地，草地上散生着雏菊；园内还有修剪过的果树及花坛，处处有流水带来的欢快气氛；此外，还有一些小动物，更增添了田园牧歌式的情趣。

13世纪之后，由于战乱逐渐平息和受东方的影响，享乐思想不断增强，城堡的结构发生了显著的变化，它摒弃以往封闭的形式，代之以更加开敞的宅邸结构。到14世纪末，这种变化更为显著，建筑在结构上更为开放，外观上的庄严性也减弱了。而到了15世纪末期，这种建筑即使还具有城堡的外观，但却完全是专用住宅了。这时城堡的面积也扩大了，城堡内还有宽敞的厩舍、仓库、供骑马射击的赛场、果园及装饰性花园等。四角带有塔楼的建筑围合出方形或矩形庭院，城堡外围仍有城墙和护城河，城堡的入口处架桥，易于防守。庭园的位置也不再局限于城堡之内，而是扩展到城堡周围，但是庭园与城堡仍然保持着直接的联系。法国的比尤里城堡和蒙塔尔吉斯城堡是这一时期比较有代表性的城堡庭园（图2-9、图2-10）。

各种史料反映出的中世纪城堡庭园布局简单，由栅栏或矮墙围护，与外界缺乏联系。除了方格形的花台之外，最重要的造园元素就是一种三面开敞的龛座了，上面铺着草皮，用作座凳，偶尔可以看到小格栅，或者凉亭。泉池是不可或缺的，它使园中充满欢快的气氛。树木修剪成各种几何形体，与古罗马的植物造型相似。庭园面积不大，却很精致。在较大的庭园中，设有水池，放养鱼和天鹅。最奢侈的庭园中设有鸟笼，孔雀和园主一起在园中悠闲地走动。

当时一般居民的住宅很小，但都喜欢在院中种植芳香植物。比较富裕的家庭，院子稍大，有一两千平方米，常种有庭荫树。达官显贵的庭院常达0.01平方千米以上，但与修道院园林相比，规模仍是很小的。英、法之间的百年战争（1337—1453）虽长达一百多年，但并非无间歇，在其间的和平时期，人们仍注重生活享受。同时，人们还往往利用战时堆放武器和军粮的空地，建造以植物为主的庭园；有些在过去的壕沟处排干水，建造花坛。当然，这是中世纪后期的情况了。

图2-9 比尤里城堡

图2-10 蒙塔尔吉斯城堡

2.3 中世纪西欧园林的特征

中世纪的西欧园林，无论是修道院庭园还是城堡庭园，开始都是以实用性为主的，随着时局趋于稳定和生产力的不断发展，园中的装饰性和娱乐性也日益增强。如有的果园中逐渐增加了其他种类的树木，铺设草地，种植花卉，并设置了凉亭、喷泉、座椅等设施，形成了一种游乐园类型的园林。花园既神圣又世俗，并成为文学著作中展现骑士精神和浪漫爱情的场所。

①迷园是这一时期比较流行的园林形式。有的用大理石铺路，有的用草皮铺路，以修剪的绿篱围在道路两侧，形成图案复杂的通道。英王亨利二世（Henry Ⅱ，1154—1194在位）曾在牛津附近建了一个迷园，中心部分是用蔷薇覆被着的凉亭。

②用低矮绿篱组成图案的花坛也比较流行。图案或是几何图形，或是鸟兽形象及徽章纹样，在其空隙中填充了各种颜色的碎石、土、碎砖等，这种类型的花坛称之为开放型结园；如果在空隙中种植色彩艳丽的花卉，则叫作封闭型结园。同时，过去用以种植蔬菜的畦内后来也开始种植花卉了。种植花卉是为了采摘花朵，所以并不密集，以后则种植密度很高，类似近代的花坛。这类花坛所强调的已不是单枝花朵的形状、色彩，而是注重其整体效果了，并且畦的形状也由原来的长条形发展成矩

形、方形、圆形、多边形等。起初的花坛一般高出地面，周围以木条、瓦片或砖块镶边，以后则与地面平齐，常设置在墙前或广场上。

③德意志和法兰西贵族们仿效波斯的习俗，建造猎园。在大片的土地上围以墙垣，内种树木，放养猎物于其中，但无大型野兽，只有鹿、兔及一些鸟类，供贵族们闲暇时狩猎游乐。比较著名的有德意志国王腓特烈一世（Fredrick I Barbarossa，约1123—1190）于1161年建的猎园。

④园林的文献资料有限。有关中世纪西欧花园的文献资料现存的有9世纪查理曼大帝制定的《庄园管理条例》。另有两名修道士写的诗中记录了查理曼制定的条例中的植物以及园艺历法。除此之外还有一些花园题材的绘画、挂毯、插图手稿和文学作品等。

2.4　中世纪西欧造园技术思想的当代借鉴

在中世纪西欧，城堡与修道院等相继出现绝不是偶然的。这些城堡在实用功能方面，有的是为了军事需要、有的是为了政治统治、有的是为了奢侈的生活。除了这些实用功能外，毫无疑问还有无形的思想观念的表达。"这些建筑景观一方面表达建造者或委托方的意愿；另一方面又对旁观者起到启发作用。在这个意义上，一个民族或一个时代的建筑景观实际上就是其民族、文化和时代精神内涵的外部表现形式。"

无论是作为统治者权力的象征，还是在视觉盛宴上提供展现财富和权力的舞台，城堡的象征意义都与其所处的地理环境，以及自然和人文景观有着必然的联系。没有城堡景观作为前提或基础，就谈不上城堡的象征意义。城堡作为景观中的一部分是其象征意义与景观密切相关的必然条件。一方面，作为一种可视的人造景观，城堡的象征意义不是孤立地将其展示给世人，它必须要与周边的景观，无论是天然的，还是人造的共同发挥作用。另一方面，城堡作为一种特定的空间结构，以它为核心展示给世人内外两种表现形式：在城堡周边，城堡的建造者们通过改变紧靠城堡附近的自然环境突出其社会意义和作用；在城堡内部，建造者们通过对城堡自身空间结构的建构展示不同阶层的社会生活状况，这些无形的暗喻意义都与特定的可视的景观密切联系。

中世纪西欧园林给我们的启示是：建筑景观是一种观念表达，它以物质的形式承载了一定时代的文化意义。建筑景观的风格、形式、结构是社会发展综合量变的产物，而不仅仅是设计师个人的产物。

【拓展训练】

1.思考宗教神学对中世纪西欧园林发展产生了哪些直接影响。

2.讨论中世纪西欧园林的类型和特点。

3 伊斯兰园林（8—15世纪）

【课前热身】

了解波斯的历史背景。

查看BBC纪录片：《西班牙艺术史》。

【互动环节】

伊斯兰园林包括哪些主要地区的园林？

伊斯兰园林是世界三大园林体系之一，是古代阿拉伯人在吸收两河流域和波斯园林艺术基础上创造的，是以幼发拉底河、底格里斯河两河流域及美索不达米亚平原为中心，以阿拉伯世界为范围，以叙利亚园林、波斯园林、伊拉克园林为主要代表，影响到欧洲的西班牙和南亚次大陆的印度，是一种模拟伊斯兰教天国的高度人工化、几何化的园林艺术形式。阿拉伯人原属于阿拉伯半岛，7世纪随着阿拉伯人的伊斯兰教的兴起，建立了横跨欧、亚、非的阿拉伯帝国，形成了以巴格达、开罗、科尔多瓦为中心的伊斯兰文化，伊斯兰园林形式随之遍及整个伊斯兰世界。伊斯兰园林与古巴比伦园林、古波斯园林有十分紧密的渊源关系。

3.1 波斯伊斯兰园林

3.1.1 背景介绍

（1）地理区位

波斯是伊朗在欧洲的古希腊语和拉丁语的旧称译音，是伊朗历史的一部分。历史上在这片西南亚地区曾建立过多个帝国。全盛时期领土东至印度河平原，西北至小亚细亚、欧洲的马其顿、希腊半岛、色雷斯，西南至埃及和也门。

（2）气候条件

波斯地处荒漠的高原地区，气候干燥炎热，水资源稀缺。水不仅用于灌溉，还可以增加空气湿度，降低气温，尤其在炎热干旱的夏季，水给人带来极大的享受。因此，水成为波斯伊斯兰园林中最重要的造园要素。

（3）历史背景

波斯曾经是闻名世界的东方强国之一，但是到7世纪初，波斯被阿拉伯人所灭。早期的阿拉伯人常年生活在气候干燥炎热的沙漠地带，穆罕默德（图3-1）以伊斯兰教统一了整个阿拉伯世界并对外扩张，建立了疆域辽阔的阿拉伯帝国。阿拉伯人吸收了被征服民族的文明，并使之与自己民族的文化相融合，从而创造了一种独特的新文明。阿拉伯人的建筑与园林艺术，也首先是以波斯为榜样的，称为"波斯伊斯兰式"，并影响到其他阿拉伯地区。

3.1.2 波斯伊斯兰园林实例

（1）阿什拉弗园

阿什拉弗园是一处别墅遗址。据记载，该别墅有7个完全规则的长方形庭

图3-1 穆罕默德与天使加百列

图3-2 埃拉姆庭园

园。其布局仅为适宜庭园所在的地形。其分为"泉庭"和"波斯王之庭"。10层露台重叠在450米×250米的地面上。水渠从上方的平台一直下落到第5个平台,并在此扩大形成水池。

（2）四庭园大道

据记载,每条大道中央设有水渠,并且这些水渠在露坛处扩大形成水池。在林荫大道两端设两座凉亭,形成街道的终点。在广场和四庭园大道之间设有宽大的四方形宫殿区,内有各式园亭,其中,最著名的为"四十柱宫"。

（3）埃拉姆庭园

据记载,在其平面设计中,纵长的轴线引人注目。该庭园的所有趣味性都沿着这条中轴线展示出来,而密植着柑橘类果树的灌溉区则负责保持区域平衡的责任。如今,庭园重新修复,成为伊朗庭园的典范（图3-2）。

（4）费因园

费因园是波斯皇家庭园的典例,是波斯庭园的缩影（图3-3）。1935年,它被列为伊朗的国家纪念物（图3-4）。园内众多的渠道、果树园、鲜花、凉亭、喷泉等,让人联想到波斯的庭园地毯。同时,这些景致也弥补了外部自然景色的单调,使园子熠熠生辉。

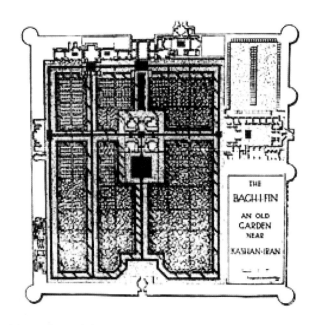

图3-3 费因园平面图

3.1.3 波斯伊斯兰园林的特征

（1）园林的空间布局封闭规整

伊斯兰园林因面积较小而显得比较封闭,类似建筑围合出的中庭,与人的尺度非常协调。庭园大多呈矩形,最典型的布局方式便是以十字形抬高的园路将庭园分成四块,园路上设有灌溉用的小沟渠;或者以此为基础,再分出更多的几何形部分。

即使园址用地面积很大,园林也常由一系列的小型封闭院落组成,院落之间只有小门相通,有时也可通过隔墙上的栅格和花窗隐约看到相邻的院落。园内的装饰

图3-4 费因园被列为伊朗国家纪念物

物很少，仅限于小水盆和几条座凳，体量与所在空间的体量相当。

（2）园林的植物造景简洁统一

在并列的小庭园中，每个庭园的树木尽可能用相同的树种，以便获得稳定的构图。尽管园中有一些花卉装饰，但是阿拉伯人更欣赏人工图案的效果，因为它们更能表达出人的意愿。所以，园中更多的是黄杨组成的植坛。

（3）水资源利用和灌溉技术独特

由于干旱炎热的气候，为了保证植物的正常生长，每天必须浇灌两三次。所以，特殊的引水灌溉系统就形成园林的一个特点。这里的引水系统采用一种沿用数千年的独特方式：人们利用雪水，通过地下隧道引入城市和村庄，以减少地表蒸发；在需要的地方，从地面打井至地下隧道处，再将水提上来。我国新疆地区的坎儿井亦是如此。

伊斯兰园林中的灌溉方式，是利用沟、渠，定时地将水直接灌溉到植物的根部，而不是通常的从上向下的浇灌方式，目的是避免在烈日下叶片上的水珠蒸发而灼伤叶子。植物种在巨大的、有隔水层的种植池中，以确保池中的水分供植物慢慢吸收。而铺砖园路就由种植池的矮墙支撑，高出池底。

水不仅使得植物生长茂盛，而且还可以形成各种水景。由于伊斯兰园林的面积不大，水又十分珍贵，自然不会采用大型水池或巨大的跌水，而往往采用盘式涌泉的方式，几乎是一滴滴地跌落。在小水池之间，以狭窄的明渠连接，坡度很小，偶有小水花。

（4）园林装饰材料特色鲜明

与建筑一样，彩色陶瓷马赛克在园林中的运用非常广泛，这些陶瓷小方块的色彩和图案效果也使得伊斯兰园林别具一格。贴在水盘和水渠底部的马赛克，在流动的水下富有动感，在清澈的水池中则像镜子般反光。它们还被用在水池壁及地面铺砖的边缘，装饰台阶的踢脚及坡道，效果更胜于大理石；甚至还大面积地用于座凳的表面，成为经久不变的装饰。在围绕庭园的墙面上，也有马赛克墙裙，有时园亭的内部从上到下都贴满了色彩丰富、对比强烈的马赛克图案，形成极富特色的装饰效果。

3.2 西班牙伊斯兰园林

3.2.1 背景介绍

（1）地理区位

西班牙西邻同处于伊比利亚半岛的葡萄牙，北濒比斯开湾，东北部与法国及安道尔接壤，南隔直布罗陀海峡与非洲的摩洛哥相望。它的领土还包括地中海中的巴利阿里群岛，大西洋的加那利群岛，以及在非洲的休达和梅利利亚。

（2）气候条件

西班牙中部梅塞塔高原属大陆性气候；北部和西北部沿海属温带海洋性气候，全年温和多雨；南部和东南部属亚热带地中海气候，夏季高温干燥，冬季温和多雨；西北部较湿润，内陆和东南部较干燥。中部的马德里地区属于高原气候，夏季干热，冬季干冷。东北部的巴塞罗那地区则为最典型的地中海气候，常年气候温和湿润，夏季较炎热干燥，降水以冬季为主。

（3）历史背景

当西欧各国在基督教的统治下，文化艺术处于停滞阶段之时，比利牛斯山南部的伊比利亚半岛上，却有着迥然不同的形势。早在古希腊时期，这里就生活着来自希腊的移民，在后来的罗马帝国统治时期，这里又成了罗马的属地。8世纪初，信奉伊斯兰教的摩尔人侵入伊比利亚半岛，占领半岛的大部分地区。摩尔人大力移植西亚文化，尤其是波斯、叙利亚伊斯兰文化，在建筑与园林上，创造了富有东方情趣的西班牙伊斯兰样式。

从中世纪开始，直到15世纪，西班牙沉沦于天主教军队和摩尔人的割据战争中（史称收复失地运动，即西班牙人和葡萄牙人驱逐阿拉伯人，收复失地的斗争）。尽管如此，在这漫长的700多年间，摩尔人在伊比利亚半岛的南部仍然创造了高度繁荣的人类文明。当时的都城科尔多瓦人口高达100万，是欧洲规模最大、文明程度最高的城市之一。在科尔多瓦和其他一些城市里，摩尔人建造了许多宏伟壮丽、带有强烈伊斯兰艺术色彩的清真寺、宫殿和园林，可惜留下来的遗迹并不多。1492年，信奉天主教的西班牙人攻占了阿拉伯人在伊比利亚半岛上的最后一个据点，建立了西班牙王国。

3.2.2　西班牙伊斯兰园林实例

西班牙伊斯兰园林就是指在今日的西班牙境内，由摩尔人创造的伊斯兰风格的园林，又称摩尔式园林。摩尔式园林在中世纪曾盛极一时，其水平大大越过了当时欧洲其他国家的园林，而且对后世欧洲园林也有一定的影响。

（1）阿尔罕布拉宫

阿尔罕布拉宫位于西班牙南部安达鲁西亚地区的格拉纳达城。现为西班牙主要旅游景点以及展览馆，且被联合国教科文组织列为世界文化遗产。

阿尔罕布拉宫的阿拉伯语意为红宫，因宫墙为红土夯成以及周围山丘亦是红土之故（图3-5）。它原是摩尔人作为要塞的城堡，建成之后，其神秘而壮丽的气质无与伦比，成为伊斯兰建筑艺术在西班牙最典型的代表作，也是格拉纳达城的象征。

1238 年，驻守阿尔卡萨巴的摩尔贵族伊班·阿玛，即穆罕默德一世（Muhammad I，1238—1273 在位），率军打败对手，以格拉纳达为都城，建立那斯里德王朝。100 年后，尤塞夫一世（Yusef I，1325—1354 在位）和其子穆罕默德五世（Muhammad V，1354—1391 在位）建成了宫城中的核心部分——桃金娘宫和狮子宫庭院，以及无数华丽的厅堂、宫殿、庭园等，最终形成了极其华丽的阿尔罕布拉宫苑。

①桃金娘宫庭院

桃金娘宫庭院建于1350年，是一个极其简洁、东西宽33米、南北长47米、近似黄金分割比的矩形庭院（图3-6）。中央有宽7米、长45米的大水池，水面几乎占据了庭院面积的四分之一。两边各有3米宽的整形灌木桃金娘种植带。庭院的东西两面是较低的住房，与南北两端的柱廊连接，构图简洁明快。

南面的柱廊为双层，原为宫殿的主入口，从拱形门券中可以看到庭院全貌；北面有单层柱廊，其后是高耸的科玛雷斯塔。池水紧贴地面，显得开阔而又亲切；平静的水面，使四周的建筑及柱廊的倒影十分清晰。水池南北两端各有一小喷泉，与池水形成静与动、竖向与平面、精致与简洁的对比。两排修剪整齐的桃金娘篱，为建筑气氛很浓的院子增添了一些自然气息，其规整的造型与庭院空间极为协调。桃金娘宫庭院虽由建筑环绕，却不感到封闭，在总体上显得简洁、幽雅、端庄而宁静，充满空灵之感。

②狮子宫庭院

狮子宫庭院是阿尔罕布拉宫中的第二大庭院，也是最精致的一个庭院（图

3-7），建于1377年。庭院东西长29米、南北宽16米，四周是124根大理石柱的回廊，东西两端柱廊的中央向院内凸出，构成纵轴上的两个方亭。这些林立的柱子，给人进入椰林之感，拱券上复杂精美的透雕则恰似椰树的叶子一般。十字形的水渠将庭院四等分，交点上有著名的狮子喷泉，中心是圆形承水盘及向上的喷水，四周围绕着12座石狮，由狮口向外喷水，象征沙漠中的绿洲。

③柏树庭院

柏树庭院建造于16世纪中期，是边长只有10多米的近方形庭院，空间小巧玲珑。北面有轻巧而上层通透的过廊，由此可以观赏到周围的美景，另外三面则是简洁的墙面。庭中植物种植十分精简，在黑白卵石镶嵌成图案的铺装地上，只有四角耸立着4株高大的意大利柏木，中央是八角形的盘式涌泉（图3-8）。

阿尔罕布拉宫不以宏大雄伟取胜，而以曲折有致的庭院空间见长。狭小的过道串联着一个个或宽敞华丽，或幽静质朴的庭院，穿堂而过时，无法预见到下一个空间，给人以悬念与惊喜；在庭院造景中，水的作用突出（图3-9），从内华达山古老的输水管引来的雪水，遍布阿尔罕布拉宫，有着丰富的动静变化；而精细的墙面装饰，又为庭院空间带来华丽的气质。

（2）格内拉里弗花园

格内拉里弗花园位于西班牙南部安达鲁西亚地区的格拉纳达城的一处称为塞洛·德尔·索尔的山坡上，在阿尔罕布拉宫的东北面约150米处。

花园由摩尔人设计，始建于1319年，原先的业主是阿布尔·瓦利德，现属于西班牙政府，被联合国教科文组织列为世界文化遗产。

格内拉里弗是西班牙最美的花园，无疑也是欧洲，乃至世界上最美的花园之一（图3-10）。它的规模并不大，采用典型的伊斯兰园林的布局手法，而且在一定程度上具有文艺复兴时期意大利园林的特征。庄园的建造充分利用了原有地形，将山坡辟成8个台层，依山势而下，在台层上又划分了若干个主题不同的空间。在水体处理上，将新罗德尔·摩洛河水引入园中，形成大量的水景，从而使花园充满欢快的水声。它拥有大型庄园必需的大多数要素，如花坛、水景、秘园、丛林等。

沿着一条两墙夹峙、长300多米的柏木林荫道，即可进入园中。在建筑门厅和拱廊之后，便是园中的主庭园——水渠中庭（图3-11），此庭由三面建筑和一面拱廊围合而成，中央有一条长40米、宽不足2米的狭长水渠纵贯全庭，水渠两边各有一排细长的喷泉，水柱在空中形成拱架，然后落入水渠中，水渠两端又各有一座莲花状喷泉。当年庭园内的种植以意大利柏树为主，现在水渠两侧

图3-5　夕阳下的阿尔罕布拉宫

图3-6　桃金娘宫庭院

图3-7　狮子宫庭院

图3-8　柏树庭院

图3-9　阿尔罕布拉宫中优美的水景

图3-10　从阿尔罕布拉宫眺望格内拉里弗花园

图3-11　格内拉里弗花园的水渠中庭

布满了花丛。

从水渠中庭西面的拱廊中，可以看到西南方150米开外的阿尔罕布拉宫的高塔。拱廊下方的底层台地，是以黄杨矮篱组成图案的绿丛植坛，中间有礼拜堂将其分为两块。水渠中庭的北面也有精巧的拱廊，后面是十分简朴的府邸建筑，从窗户中也可以欣赏到西面的阿尔罕布拉宫。府邸的地势较高，其下方低几米处有方形小花园，四周围合着开有拱窗的高墙，这是一个面积仅100多平方米的蔷薇园，米字形的甬道，中心是一圆形大喷泉（图3-12）。

府邸前庭东侧的秘园是一个围以高墙的庭院，这里布局非常奇特，一条2米多宽的水渠呈U形布置，中央围合出矩形"半岛"，"半岛"中间还有一方形水池。两个庭院的水渠是互相连接。方形水池两边是灌木及黄杨植坛，靠墙种有高大的柏树，使庭园既有高贵的气质，又有一种略带忧伤的肃穆感。

格内拉里弗花园空间丰富，景物多变，尽管没有华丽的饰物及高贵的造园材料，甚至做工显得粗糙，但其成功之处在于细腻的空间处理手法以及具有特色的景物。虽然只是由几个台层组成，但是，各空间均有其特色，既具独立性，又构图完整；以柱廊、漏窗、门洞以及植物组成的框景等，使各空间相互渗透，彼此联系。园中水景也多种多样，犹如人体的血液一般遍布全园，起到统一园景的效果。

3.2.3　西班牙伊斯兰园林的特征

（1）引进国外花卉植物

从印度、土耳其和叙利亚引种植物，如石榴、黄蔷薇、茉莉等。

（2）借鉴古罗马人的造园手法

有些庄园的建筑材料直接来自古罗马的建筑物。受古罗马人的影响，他们也把庄园建在山坡上，将斜坡辟成一系列的台地，围以高墙，形成封闭的空间。在墙内往往布置交叉或平行的运河、水渠等，以水体来分割园林空间，运河中还有喷泉。笔直的道路尽端常常设置亭或其他建筑。有时在墙面上开有装饰性的漏窗，墙外的景色可以收入窗中，这与我国清代李渔（1611—1680）创造的无心画十分相似。

（3）陶瓷马赛克的广泛应用

常用有色的小石子或马赛克铺装，组成漂亮的装饰图形，酷似中国园林中的花街。园中地面除留下几块矩形的种植床以外，所有地面以及垂直的墙面、栏杆、座凳、池壁等面上都用鲜艳的陶瓷马赛克镶铺，显得十分华丽。

图3-12 明媚阳光下格外动人的蔷薇园

3.3 伊斯兰造园技术思想的当代借鉴

水是伊斯兰园林的灵魂，水在伊斯兰园林中必不可少。郭熙说："山以水为血脉。"水与植物、山石、建筑等园林要素一起，赋予园林生机。"园以水活""无水不成园""无水不成景"，水能柔化边界，水可增添灵气，水亦能滋养万物。当代设计师可借鉴伊斯兰园林中水的设计手法，让水在基底、系带、焦点、分隔等方面发挥其应有功能，并在风水、气候调节以及精神寓意等方面拓展其作用。

伊斯兰园林中几何图形的运用，能避免平面布局的单调，又不显复杂，同时又起到划分空间的作用，这些方法对当今园林规划设计的空间布局有借鉴意义。

伊斯兰园林中的色彩和材料，如彩色陶瓷马赛克等的应用，在当今的种植池、座椅、景观小品等设计中可以加以应用。

伊斯兰园林有很强的象征意义，蕴涵了伊斯兰的宗教文化在其中，就如中国古典园林，一亭、一榭、一舫都有其自身的内涵。在现代园林设计中，设计师除了展现景观的直观效果外，更应注重园林的深层文化内涵的挖掘。

【拓展训练】

1.在波斯伊斯兰园林装饰中，还有一种"波斯地毯"设计，这种地毯设计可以追溯到遥远的亚述时代。这种地毯用华贵的绢、水晶、珠宝等编织而成，再现王室庭园的平面布局，让人对波斯伊斯兰园林留下深刻的印象。亦有人视其为西欧庭园的原型。

思考"波斯地毯"庭园产生的原因，以及其对波斯庭园的影响。

2.查阅印度伊斯兰园林，讨论莫卧儿帝国造园的特征，比较其与波斯伊斯兰造园和西班牙伊斯兰造园的异同点。

4　意大利文艺复兴时期园林

（15—17世纪）

【课前热身】

为何意大利拥有世界为之惊叹的艺术品？它源于何时？

意大利文艺复兴运动中艺术、建筑与园林的发展关系？

查看 BBC 纪录片：《美第奇家族——文艺复兴之父》《现代艺术缔造者——美第奇家族》《意大利花园：罗马》《意大利花园：佛罗伦萨》《意大利花园：威尼托、卢卡与湖区》。

查看巴洛克风格的音乐、美术、服装和建筑作品。

【互动环节】

讨论地理及气候变化对园林可能产生的影响。

针对上一课的提问进行答疑。

4.1　背景介绍

（1）地理区位

意大利地处欧洲南部地中海北岸，包括亚平宁半岛、西西里和其他许多岛屿。北部以阿尔卑斯山脉为屏障，与法国、瑞士、奥地利、斯洛文尼亚接壤，东、南、西三面均为海域。

（2）气候条件

意大利大部分地区属于亚热带地中海型气候，整体气候温和宜人。由于境域狭长、多山，全国可以分为三个气候区：①南部半岛和岛屿区，典型的地中海型气候，相对炎热多雨；②马丹平原区，亚热带和温带之间的过渡性气候，具有大陆性气候的特点，气候潮湿；③阿尔卑斯山区，全国气温最低的地区，但由于阿尔卑斯山挡住了来自北欧的寒流，该区气候依然比较温和。

（3）文艺复兴

文艺复兴是一场大致发生在14—17世纪的思想文化运动，在中世纪晚期发源于意大利中部的佛罗伦萨，后扩展至欧洲各国。这场文化运动囊括了对古典文献的重新学习，在绘画方面透视法的发展，以及逐步而广泛开展的教育变革。传统观点认为，这种知识上的转变让文艺复兴发挥了衔接中世纪和近代的作用。尽管文艺复兴在知识、社会和政治各个方面都引发了革命，但令其闻名于世的还在于这一时期的艺术成就和杰出人物，如但丁、薄伽丘、达·芬奇等。

意大利佛罗伦萨作为文艺复兴的发祥地，在诗歌、绘画、雕刻、建筑、音乐各方面均取得了突出的成就。佛罗伦萨著名的美第奇家族（表4-1）是当时最重要的艺术赞助人。

图4-1 薄伽丘

表4-1 美第奇家族成员（部分）

姓名	年代	主要事迹
乔凡尼·迪比奇·德·美第奇	1360—1429	美第奇王朝的创始人，使美第奇家族成为欧洲最富裕的家族
科西莫·德·美第奇	1389—1464	第一个佛罗伦萨僭主，美第奇政治时代的创建者
洛伦佐·德·美第奇	1449—1492	在文艺复兴时期的黄金时代里领导佛罗伦萨
乔凡尼·德·美第奇	1475—1523	教皇利奥十世
朱利奥·德·美第奇	1478—1534	教皇克莱门特七世
科西莫一世·德·美第奇	1519—1574	第一代托斯卡纳大公，复兴美第奇家族
凯瑟琳·德·美第奇	1519—1589	法国王后
亚历山德罗·奥塔维亚诺·德·美第奇	1535—1605	教皇利奥十一世

主要代表人物：

①薄伽丘（Boccaccio，1313—1375）（图4-1），在《十日谈》中以佛罗伦萨周围的华丽别墅为背景，记述了佛罗伦萨人愉快的生活。书中介绍了一些别墅建筑和花园，园中有蔓牛植物和蔷薇、茉莉等芳香植物以及许多草花；草地上有大理石水盘和雕塑喷泉，水盘中溢出的水由沟渠引至园中各处，再汇集起来，落入山谷之中。

②彼特拉克（Petrarca，1304—1374）（图4-2），被人们称为园林的实践者，他在法国建有一座别墅，其中有纪念太阳神阿波罗和酒神狄俄尼索斯的小花园，反映了诗人追求山水，愉悦晚年的心境。他在伏加勒河谷岸边的阿尔库尔村也有一座小别墅，他以自己能够在美好的环境中度过一生而十分欣慰。

③阿尔贝蒂（Alberti，1404—1472）（图4-3），系统论述园林理论的先驱者，他既是著名的建筑师和建筑理论家，又是人文主义者和诗人。他在《论建筑》一书中，详细阐述了他对理想庭园的构想：在长方形的园地中，以直线道路将其划分成整齐的长方形小区，各小区以修剪的黄杨、夹竹桃或月桂绿篱围边，当中为草地；树木呈直线形种植，由一行或三行组成；园路末端以月桂、桧柏、杜松编织成古典式的凉亭；用圆形石柱支撑棚架，上面覆盖藤本植物，形成绿廊，架设在园路上，可以遮阴；沿园路两侧点缀石制或陶制的瓶饰；花坛中央用黄杨篱组成花园主人的姓名；绿篱每隔一段距离修剪成壁龛状，内设雕像，下面安放大理石的座凳；园路的交叉点中心位置用月桂修剪成坛；园中设迷园；水流下的山腰处，做成石灰岩岩洞，对面可设鱼池、牧场、菜园、果园。

图4-2 彼特拉克

阿尔贝蒂的构想是以古罗马小普林尼描绘的别墅为主要蓝本的。他所提倡的以绿篱围绕草地（称为植坛）的做法，成为文艺复兴时期意大利园林以及后来的规则式园林中常用的手法，甚至在现代的中国园林中也屡见不鲜。他还十分强调园址的重要性，主张庄园应建于可眺望佳景的山坡上，建筑与园林应形成一个整体，如建筑内部有圆形或半圆形构图，也应该在园林中有所体现以获得协调一致的效果；他强调协调的比例与合适的尺度的重要作用。但是，他并不欣赏古代人所推崇的沉重、庄严的园林气氛，而认为园林应尽可能轻松、明快、开朗，除了形成所需的背景以外，尽可能没有阴暗的地方。这些论点在以后的园林中都有所体现。

图4-3 阿尔贝蒂

4.2 文艺复兴初期园林

4.2.1 文艺复兴初期园林实例

（1）卡雷吉奥庄园

卡雷吉奥庄园位于意大利佛罗伦萨西北18千米处，可欣赏到托斯卡纳一带美丽的田园风光。庄园原属于科西莫·德·美第奇（Cosimo de' Medici，1389—1464）（图4-4），现为托斯卡纳地区政府、欧洲地方与区域政府网络所共有（图4-5）。

卡雷吉奥庄园是美第奇家族所建的第一座庄园，被公认为佛罗伦萨文艺复兴时期别墅的典范，它是科西莫于1417年左右请著名建筑师和雕塑家米开罗佐（Michelozzo，1396—1472）设计的别墅建筑和园林。建筑保留了中世纪城堡建筑的特色，除了开敞的走廊外，几乎看不出文艺复兴时期的建筑特点。庭园在建筑的正面展开，园内有花坛、水池。园路交点上布置有水池和覆满攀缘植物的龛座，中世纪特点的凉亭周围绕着绿廊和修剪的黄杨绿篱，亭中设置座椅，规划整齐对称。庄园中还有果园，其他植物种类也很多，不过大多是以后逐渐种植的。

（2）卡法吉奥罗庄园

卡法吉奥罗庄园位于佛罗伦萨西北25千米的巴贝里诺迪穆杰洛镇，原属于科西莫·德·美第奇，现属卡普里岛控股所有，作为会议、婚庆等活动场所而外租（图4-6）。

卡法吉奥罗庄园建造在山谷间，它也是由科西莫委托建筑师米开罗佐设计的。别墅建筑周围还保留着壕沟与吊桥，完全是中世纪城堡建筑的风格。建筑物在19世纪经过改造。主庭园坐落在别墅建筑的背面，周围有园墙围绕，园路尽端安置了园林建筑，从建筑内可看到家族的领地。花园中设计有雕刻着神话人物的石窟，用来作为避暑空间。当时最著名的雕刻家几乎齐聚卡法吉奥罗庄园，为庄园的喷泉、石窟和雕塑做出了巨大的贡献。

（3）波吉奥·阿·卡亚诺别墅

别墅位于意大利托斯卡纳地区普拉托省南部9千米的皮科洛，原属于洛伦佐·德·美第奇（Lorenzo de' Medici，1449—1492）（图4-7）。如今，庄园的部分用作展示美第奇家族绘画藏品的博物馆。

别墅的设计师是洛伦佐，佛罗伦萨的第二位统治者，他既是政治家，又是文学艺术的保护者，也是极有天赋的诗人。15世纪下半叶，他在圣马可的私人花园中设立了"雕塑学校"（第一所现代艺术学校）。在这里，洛伦佐见到了当时只有15岁的米开朗琪罗（Michelangelo Buonarroti，1475—1564），并将其带回去抚养。在洛伦佐的支持、鼓励之下，佛罗伦萨集中了大批文学家、艺术家，艺术创作空前繁荣。

洛伦佐不满足仅仅提升艺术品的古典风格，他被整个古罗马和古希腊的生活方式深深吸引，因此，他准备建造一座真正的革命性建筑，以此实现他的贵族梦。1485年，洛伦佐委托建筑师朱利亚诺（Giuliano da Sangallo，1445—1516）建造了这座被称为"山中别墅"的美第奇庄园（图4-8、图4-9）。高起的古典拱廊，巨大的入口，完全效仿了古代神殿的门廊，让人领略古代建筑的辉煌。别墅的中心是大礼堂，礼堂四围的壁画（图4-10、图4-11）创始于1519年，生动饱满的色彩让古代神话栩栩如生，让人仿佛感觉时光倒流。洛伦佐以他的力量，振兴了古典式归隐乡村的观念，使人们不再仅

图4-4 科西莫·德·美第奇　　　　　　　图4-5 卡雷吉奥庄园

图4-6 卡法吉奥罗庄园全景图

图4-7 洛伦佐·德·美第奇，被誉为
"高贵的洛伦佐"

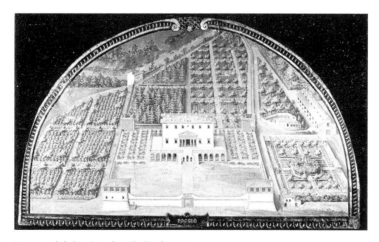

图4-8 波吉奥·阿·卡亚诺别墅全景图

图4-9 波吉奥·阿·卡亚诺别墅大礼堂

图4-10 波吉奥·阿·卡亚诺别墅大厅壁画局部

图4-11 波吉奥·阿·卡亚诺别墅大厅壁画

仅关注于城市的发展。

（4）菲埃索罗的美第奇庄园

菲埃索罗的美第奇庄园位于意大利托斯卡纳地区的菲埃索罗。所有者是乔凡尼·德·美第奇（Giovanni de'Medici，1475—1523），现归Mazzini Marchi家族所有，是第4座美第奇家族别墅，也是至今保留比较完好的文艺复兴初期的庄园之一（图4-12）。

庄园于1458—1462年建成，园地顺山势辟为不同高程的、呈狭长带状的三层台地。建筑设在最高台层的西部，这里视野开阔，可以远眺周围风景。

为了方便与外界联系，庄园入口设在上台层的东部，由入口至建筑约长80米，而宽度却不到20米，设计者的重要任务就是力求打破园地的狭长感。园路分设在两侧，这样可以留出当中比较宽阔而完整的园地。建筑设在西部，但并未建在尽端，其后还有一个后花园，使建筑处在前后庭园包围之中。从建筑内向外看，近处是精致的花园，远处为开阔的风景（图4-13）。入口后，在小广场的西侧设置了半面八角形的水池。广场后的道路分设在两侧，当中为绿荫浓郁的树畦，既作为水池的背景，又使广场在空间上具有完整性。树畦后为相对开阔的草坪，角隅点缀着栽种在大型陶盆中的柑橘类植物，草坪形成建筑的前庭，当人们走在树畦旁的园路上时，前面的建筑隐约可见，走过树畦后，优美的建筑忽然展现在眼前。后花园形成一个独立而隐蔽的小天地，当中为椭圆形水池，周围为四块绿色植坛，角落里也点缀着盆栽植物。这种布置手法，减弱了上部台层的狭长感，使人们仍然感受到丰富的空间和明暗、色彩的变化。每一空间既具有独立的完整性，相互之间又有联系，并加强了衬托和对比的效果。

下层台地中心为圆形喷泉水池，内有精美的雕塑及水盘，周围有四块长方形的草地，东西两侧为大小相同而图案各异的绿丛植坛（图4-14）。这种植坛往往设置在下层台地，便于上层台地居高临下欣赏，图案比较清晰。

中间台层是一条宽4米的长带，也是联系上、下台层的通道，其上设有覆盖着攀缘植物的棚架，形成一条绿廊。

总之，设计者在这块很不理想的园地上表现出非凡的才能，巧妙地划分空间、组织景观，使每一空间显得简洁、整体而又丰富，避免了一般规则式园林容易产生的呆板单调、一览无余的弊病。

4.2.2　文艺复兴初期园林的特征

①意大利文艺复兴初期的庄园多建在佛罗伦萨郊外风景秀丽的丘陵坡地上，选址时比较注重周围的环境，要求有可以远眺的前景。园地顺山势辟成多个台层，但各台层相对独立，没有贯穿各台层的中轴线。建筑往往位于最高层以借景园外，建筑风格尚保留有一些中世纪的痕迹，如窗户小、屋顶有雉堞等，不过正面入口处开敞、宽阔的台阶给人以亲切之感。建筑和庭园部分都比较简朴、大方，有很好的比例和尺度。喷泉、水池常作为局部中心，并且与雕塑结合，注重雕塑本身的艺术性。水池形式则比较简洁，理水技巧也不甚复杂。绿丛植坛是常见的装饰，但图案花纹也很简单，多设在下层台地上。

②这一时期人们对植物学的兴趣浓厚，引起了学界对古代植物学著作的研究，并开展了对药用植物的研究。在这一基础上，出现了用于科研的植物园，其中，最为典范的当属威尼斯共和国与帕多瓦大学共同创办的帕多瓦植物园。

帕多瓦植物园位于意大利东北部地区距威尼斯35千米的帕多瓦，是欧洲第

图4-12 菲埃索罗的美第奇庄园

图4-15 16世纪的帕多瓦植物园

图4-13 菲埃索罗的美第奇庄园上层台地

图4-16 帕多瓦植物园平面图

图4-14 菲埃索罗的美第奇庄园下层台地

图4-17 植物园温室

一个植物园，1997年，被联合国教科文组织列入《世界遗产名录》。

帕多瓦植物园建于1545年，由建筑师乔万尼（Giovanni，1487—1564）与植物学家合作规划设计。帕多瓦植物园占地约0.02平方千米。核心部分呈直径为84米的圆形，被东西、南北方向两条交叉的道路分割成4部分，并进一步分成16个小区（图4-15、图4-16）。各分区又分成许多几何形植床，由一属或一种植物组成。园周有一圈大理石栏杆围合成的墙垣。植物园中还有一座温室（图4-17），温室不仅修建时间最早，而且由于诗人歌德曾来此参观，并在其著作中有所描述而引起人们的注意。帕多瓦植物园所引种的许多植物不仅在意大利，甚至在全欧洲也属于首次引进，如凌霄、雪松、刺槐、仙客来、迎春花，以及多种竹子等。

受帕多瓦和比萨植物园的影响，在佛罗伦萨等地也陆续建造了几个植物园，并且还影响到欧洲其他国家，各国也相继建造了各自的植物园。如1580年的德国莱比锡植物园，1587年的波兰莱顿植物园，都是最早的一批植物园。此后，1597年英国建了伦敦植物园，以药用植物为主；巴黎植物园建于1635年，是法国的第一个植物园。

各地如雨后春笋般兴建起来的植物园，丰富了园林植物的种类，对园林事业的发展起到积极的推动作用。同时，植物园本身也逐渐加强了装饰效果和游憩功能，成为一种更具综合功能的园林类型。

4.3 文艺复兴中期园林

4.3.1 文艺复兴中期园林实例

（1）望景楼花园

望景楼花园位于罗马的贝尔威德尼山冈上，是由布拉曼特（Donato Bramante，1444—1514）为教皇尤里乌斯二世设计的台地园。布拉曼特自幼学画，后改学建筑，为著名建筑师。他多年从事古代建筑艺术和遗迹的研究，是罗马台地园的奠基人，为罗马园林的发展作出了贡献。

望景楼花园（图4-18）采取了台地园的形式。园址长306米、宽65米，规划依地势分成三个台层，两侧为柱廊。其中，上层为装饰性花园，十字形道路将台地分成四块，中央有喷泉，尽端中央为高高的半圆形壁龛，也有柱廊环绕，这里是眺望远景的最佳处。下层台地的末端也有半圆形的处理，与上层壁龛遥相呼应。当中为竞技场，两侧亦为柱廊，半圆形部分作为观众席。下层台地有宽阔的台阶通向中层台地，这里也设有观众席。如果加上两侧柱廊，总共可容6万人。

然而，由于开工不久布拉曼特就去世了，因此，只完成了东部柱廊。以后此园不断有所改变，昔日的风貌已荡然无存了。

（2）玛达玛庄园

玛达玛庄园位于意大利罗马以西的马里奥，距梵蒂冈和古奥林匹克体育场只有几英里。园子的所有者是朱利奥·德·美第奇（Giulio de Medici，1478—1534），即教皇克莱门特七世（Clement Ⅶ，1523—1534在位）。现归于意大利政府，作为接待国际客人及举办重要的新闻发布会的场所。

庄园的设计师是拉斐尔（Raphael Sanzio，1483—1520）（图4-19）及其助手建筑师桑迦洛（Antonio da Sangallo，1483—1546）。拉斐尔是文艺复兴盛期最杰出的艺术家之一，他的艺术作品饱含人文主义思想，并赋予这种思想以无比的表现力。除绘画作品外，他还从事建筑甚至挂毯和瓷盘的设计。他为梵蒂冈宫绘制了大型装饰壁画，应教皇列奥十世（Leo X，1513—1521在位）的要求主持了圣彼得教堂的建造。

玛达玛庄园（图4-20）建于1516年，是文艺复兴中期意大利台地园的典范。在设计中，为了适应地形，拉斐尔将园地分成三个台层。上层为方形，中央有亭，周围以绿廊分成小区。中层是与上层面积相等的方形，内套圆形，中央有喷泉（图4-21）。下层面积稍大，为椭圆形，对称设置了两个喷泉。各台层之间均有宽台阶相连。在拉斐尔的设计中，无论建筑或花园都常用圆形、半圆形、椭圆形构图，使内外相互呼应。同时，他还十分注意花园中各部分与总体之间的比例关系，在变化中寻求统一的构图。但由于战乱，庄园毁坏严重。

图4-18　望景楼花园　　　　　　　　　图4-19　拉斐尔

图4-20　玛达玛庄园

图4-21　玛达玛庄园上下层台地景观

图4-22 罗马美第奇庄园

1530年教皇克莱门特七世回到罗马，桑迦洛修复庄园。1534年教皇去世后，庄园被一僧侣购买。1538年，皇帝查理五世的女儿玛达玛·玛格丽塔婚后住在罗马。她十分喜爱这座庄园，便购为己有，以后就称此园为玛达玛庄园了。

（3）罗马美第奇庄园

罗马美第奇庄园位于意大利罗马的潘西奥山坡上，是1560年为红衣主教蒙特普西阿诺建造的庄园（图4-22）。

美第奇庄园是意大利最著名的花园之一。美第奇庄园虽然占地面积仅0.05平方千米，但却巧妙地通过造园技艺创造出了完美的府邸。别墅建筑体量较大，因此，视线可以越过花园，欣赏到300米以外波尔盖斯庄园中的景色。建筑后面是花园，花园的西北部与潘西奥花园连接，圆形山丘一直延伸到城市广场和奥里良城墙；东北部有围墙，墙脚下是下沉式的环形小径，从小径上可以看到波尔盖斯庄园最高部分的优美景色，使其成为绝佳的借景；西南方向面对着美丽的圣彼得大教堂以及城市的北部街区。花园采用极其简洁的方形构图，下层花园由16块矩形绿丛植坛组成（图4-23），其东南部的上方有美丽的平台，由此经过一片小树林，可通向绿荫覆盖的"巴拉斯"山丘，山丘上的观景台可欣赏园外开阔的景色。花园四周为托斯卡纳地区典型的伞松，使花园别具韵味。

（4）法尔奈斯庄园

法尔奈斯庄园位于意大利罗马北部约70千米的卡普拉罗拉小镇，是现存最为完美的文艺复兴时期的花园之一，与埃斯特庄园、兰特庄园并称为意大利文艺复兴三大名园。现为意大利共和国总统住宅之一（图4-24）。

亚历山德罗·法尔奈斯（Alecsandro Farnese，1534—1549在位），最初是打算将其建成一座具有防御性的城堡。1556年，在法尔奈斯二世主教继承这座城堡7年后，他聘请了建筑师吉阿柯莫·维尼奥拉（Giacomo da Vignola，1507—1573）在原有基础上建造一座大宫殿，并配以最新潮流的时髦装饰。

法尔奈斯主花园在府邸之后，与府邸隔着一条狭窄的壕沟。越过壕沟，首先展现在眼前的是规整的"绿色方块"花坛。这些树篱被修剪得整整齐齐，看上去秩序井然，平稳庄严，但是缺乏花卉，显得颇为生硬。然而，它的真实意

图4-23　庄园中的矩形植坛、方尖碑及伞松

图4-24　16世纪的法尔奈斯庄园

图却是寓秩序于混乱中，体现人与自然的和谐关系。

　　穿过"绿色方块"花坛，顺着陡峭的楼梯爬上花园的顶端，秩序与拘谨感也随之被留在身后，呈现于眼前的是一片森林，这是专门为主教和客人们狩猎而设计的。树林尽头，有一方形草坪的广场。广场边有两个岩洞，外表以粗糙的毛石砌成，给人以整块岩石开凿而出的感觉。洞内有河神守护着跌水，洞旁有亭可供小憩。中轴线上是由墙面夹峙的一条宽大的缓坡，直到小楼前；甬道分列两侧，中间是海豚形的石砌水槽，构成系列跌水景观。第二台层是椭圆形广场，两侧弧形台阶环抱着贝壳形的水盘，上方有巨大的石杯，珠帘式瀑布从中流下，落在水盘中。石杯左右各有一河神雕像，手握号角，倚靠石杯，守护着水景与小楼（图4-25）。第三台层是真正的花园台地，中央部分为二层小楼，周围是黄杨篱组成的四块绿丛植坛，两座马匹塑像喷泉使气氛更加活跃。这个游乐性花园的三面均围有矮墙，既限定了空间，又可用作座凳。墙上隔几米就有一根头顶瓶饰的女神像柱（图4-26），共有28根。

　　小楼后面，两侧有横向台阶通至最上层台地，台阶下有门通向外面的栗树林及葡萄园。台阶的栏杆上饰以海豚与水盘相间的小跌水。花园的中轴线上

图4-25　水景与小楼

图4-26　女神像柱

有八角形大理石喷泉，镶嵌着精致的卵石图案，两侧还各有小喷泉。后面是对称布置的三层围以矮墙的台地，过去建有花坛，现在只是简单的草坪。中间是用马赛克铺装的甬路，一直通到庄园中轴线终端的半圆形柱廊。柱廊由四座石碑组成，呈六角形布置。碑身有龛座及座凳，装饰着半身神像、雕刻及女神像柱。园外自然生长的大树，衬托着精美的柱廊。

（5）埃斯特庄园

埃斯特庄园位于意大利罗马以东50千米处蒂沃利小镇。庄园原属于伊波利托·埃斯特，第一次世界大战时被意大利政府没收，现被联合国教科文组织列为世界文化遗产，是文艺复兴时期意大利建筑和花园的典范。

埃斯特主教拥有大量的财富，并野心勃勃想要当上教皇。1549年，他的第一次尝试失败了，因此，他雇了罗马最优秀的建筑师维尼奥拉的弟子利戈里奥来建造自哈德良别墅后最豪华的庄园。

埃斯特庄园（图4-27）坐落在蒂沃利一个朝西北的陡峭山坡上，约0.045平方千米。为了在陡峭的山坡上建花园，拆掉了整条街，重修了全镇的供水系统，并用其中三分之一的地块来建造花园。主教不仅仅是为了炫耀他的财富和艺术品位，同时想给来访者留下他知识渊博的印象。

花园处理成三个部分：平坦的底层和由系列台层组成的两个台地。花园及局部构图均以方形为基本形状，反映出文艺复兴盛期的构图特点。

入口设在底层花园（图4-28）。这是一个大约90米×180米的矩形园地，三纵一横的园路将其分为八个方块。两边是四块阔叶林，中间四块布置成绿丛植坛，中央设有圆形喷泉，四周环绕一圈细水柱。这里既是底层花园的中心，也是贯穿全园的中轴线上的第一个高潮。

透过圆形喷泉，在丝杉形成的景框中，沿中轴展开了深远的透视线，在高高的台阶上面是泉水喷涌的"龙喷泉"（图4-29），它形成中轴线上的第二个高潮。在水雾迷蒙的顶端高高耸立着庄园的主体建筑，控制着全园的中轴线，给人一种权威、崇高和敬仰的感觉。

在底层花园的东南面，原设计有四个鱼池，后来只建成了其中三个。为了强调由鱼池构成的第一条横轴，西端的山谷边设计有龛座形的观景台，但最终未能建成。现在为四个矩形的水池，东北端的水池尽头呈半圆形，池水如镜，映出斜坡上树丛的倒影。半圆形水池后面便是著名的"水风琴"，它是以水流挤压管中的空气，发出类似管风琴的声音，同时还有活动的小雕像的机械装置，表现出设计者的精巧手法。

水池横轴之后，有三段平行的台阶，连接两层树木葱茏的斜坡，边缘饰以小水渠。当中台阶在第二层斜坡上，处理成两段弧形台阶，环绕着中央称为"龙喷泉"的椭圆形泉池，为全园的中心。第三层台地便是著名的"百泉台"（图4-30），喷泉水来自同一水源，没有水泵辅助，速度、节奏、声音却完全一样，就像一件乐器。渠边每隔几步，就点缀着数个造型各异的小喷泉，如方尖碑、小鹰、小船或百合花等，泉水落入小水渠中，再通过狮头、银鲛头等造型的溢水口（图4-31），落在下层小水渠中，形成无数的小喷泉。在横轴上还有称为"奥瓦托"的喷泉，其边缘有岩洞及塑像，以及称为"罗迈塔"的仿古罗马式喷泉（图4-32）。百泉台上浓荫夹道，非常幽静，而喷泉和雕像又把这条路装扮得绚丽多彩，游人行走其间，确有应接不暇之感。

百泉台构成园内的第二条主要横轴，与第一条水池横轴产生动静对比。它的东北端地形较高，依山就势筑造了水量充沛的"水剧场"，高大的壁龛上有奥勒托莎雕像，中央是以山林水泽仙女像为中心的半圆形水池及间有壁龛的柱廊，瀑布水流从柱廊正中的顶端倾泻而下。百泉台的另一端也为半圆形水池，后有柱廊环绕，柱廊前布置了寺院、剧场等各种建筑模型组成的古代罗马市镇的缩影，可惜现已荒废。

庄园的最高层在住宅建筑前有约12米宽的平台，边缘有石栏杆，近可俯瞰全园景观，远可眺望丘陵上成片的橄榄林和远处的群山。

埃斯特主教共花了整整20年建造他的庄园。在此期间，他争夺教皇的位置失败了5次，每失败一次，花园就扩大一次。因此，这个花园展示的，并不是要我们去追寻冷静的沉思或者美丽的花卉，而是游戏和娱乐。埃斯特最爱的部分当属戏剧，并且他也常在他的花园里举办戏剧活动。从此，早期简洁、对称、和谐的文艺复兴花园逐渐被戏剧这一新潮流所取代，花园开始以美妙夸张的戏剧表演吸引游客，并且有了一种新的娱乐精神——用水做文章。尽管用现

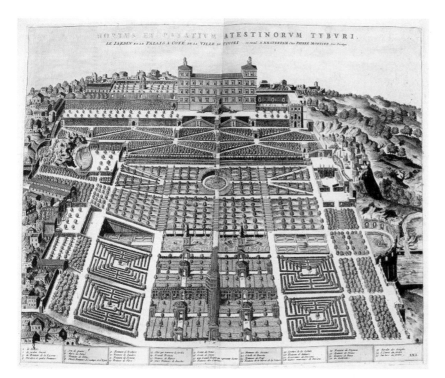

图4-27　埃斯特庄园

图4-28　花园入口

图4-29　壮观的"龙喷泉"

图4-30 百泉台

图4-31 百泉台造型各异的喷泉口　　图4-32 罗迈塔

在的眼光去看，埃斯特庄园有点庸俗不堪，但那时候，有钱人的爱好，不再是米开朗琪罗的雕塑，而是音乐喷泉。在当时，主教们展示自己权力的方法就是建造花园。

埃斯特庄园以其突出的中轴线，加强了全园的统一感，并因其丰富多彩的水景和悦耳水声而著称于世。这里有宁静的水池，有产生共鸣的水风琴，有奔腾而下的瀑布，有高耸的喷泉，也有活泼的小喷泉、溢流，还有缕缕水丝，在园中形成一幅水的美景，一曲水的乐章。

（6）兰特庄园

兰特庄园位于意大利罗马以北96千米处的维泰省拉齐奥北部的巴涅亚小镇。

1566年，当维尼奥拉正在建造法尔奈斯庄园之际，被红衣主教甘巴拉请去建造他的夏季别墅。他用了20年时间才大体建成了这座庄园。庄园后来又出租给兰特家族，由此得名兰特庄园（图4-33）。

庄园坐落在朝北的缓坡上，园地为76米×244米的矩形。全园设有四个台层，高差近5米。入口所在的底层台地近似方形，四周有12块精致的绿丛植坛（图4-34），正中是金褐色石块建造的方形水池，十字形园路连接着水池中央的圆形小岛，将方形水池分成四块，其中各有一条小石船。池中的岛上又有

图4-33 兰特庄园

图4-34 兰特庄园中精致的绿丛植坛

图4-35 条形水渠

图4-36 水阶梯

图4-37 科西莫一世

图4-38 卡斯特罗庄园

圆形泉池，其上有单手托着主教徽章的四青年铜像，徽章顶端是水花四射的巨星。整个台层上无一株大树，完全处于阳光照耀之下。

第二台层上有两座相同的建筑，对称布置在中轴线两侧，依坡而建。当中斜坡上的园路呈菱形。建筑后种有庭荫树，中轴线上设有圆形喷泉，与底层台地中的圆形小岛相呼应。两侧的方形庭园中是栗树林，挡土墙上有柱廊与建筑相对，柱间建有鸟舍。

第三台层的中轴线上有一条形水渠（图4-35），据说兰特家族曾在水渠上设餐桌，借流水冷却菜肴，并漂送杯盘给客人，故此又称餐园，这与古罗马哈德良宫苑内的做法颇为类似。台层尽头是三级溢流式半圆形水池，池后壁上有巨大的河神像。在顶层与第三台层之间是斜坡，中央部分是沿坡设置的水阶梯（图4-36），其外轮廓呈一虫蟹形，两侧围有高篱。水流由上而下，从"蟹"的身躯及爪中流下直至顶层与第三台层的交界处，落入第三台层的半圆形水池中。

顶层台地中心为造型优美的八角形水池及喷泉，四周有庭荫树、绿篱和座椅。全园的终点是居中的洞府，内有丁香女神雕像，两侧为凉廊。这里也是贮存山水和供给全园水景用水的源泉。廊外还有覆盖着铁丝网的鸟舍。

兰特庄园突出的特色在于以不同形式的水景形成全园的中轴线。由顶层尽端的水源洞府开始，将汇集的山泉送至八角形泉池；再沿斜坡上的水阶梯将水引至第三台层，以溢流式水盘的形式送到半圆形水池中；接着又进入条形水渠中，在第二、第三台层交界处形成帘式瀑布，流入第二台层的圆形水池中；最后，在第一台层上以水池环绕的喷泉作为高潮而结束。

这条中轴线依地势形成的各种水景，结合多变的阶梯及坡道，既丰富多彩，又有统一和谐的效果。建筑分立两旁，也是为了保证中轴线的连贯。从水源的利用上，也最充分地发挥了应有的效果。

（7）卡斯特罗庄园

卡斯特罗庄园位于意大利佛罗伦萨西北5千米处的卡斯特罗镇，原属于科西莫一世（Cosimo I，1519—1574）（图4-37），他是美第奇家族后裔、佛罗伦萨公爵，后被封为托斯卡纳大公。现属于Accademia della Crusca的财产，花园则于1984年成为国家博物馆（图4-38）。

当亚历山德罗遇害后，年仅17岁的科西莫成为城邦的元首。科西莫是个严肃而无情的人，但在他的统治下，美第奇家族在佛罗伦萨的荣耀达到了新的高峰。1537年，科西莫一世委托雕刻家特里波洛建造这座庄园。

庄园建在面向东北的缓坡上，以十字形网格园路将主要台层等分成若干个绿丛植坛。利用液压系统建造的雕塑喷泉是花园的奇观之一，有着重要的象征意义。在花园中心的"Sacred Wood"水池中，耸立着亚平宁雕像（图4-39），象征着托斯卡纳的山。

中心为乔万尼·博洛尼亚做的宙斯之子赫拉克勒斯和安泰喷泉（图4-40）。安泰是大力神，它扰乱人们的生活，因此，赫拉克勒斯削去他的脚，剥夺了他的神性。这一雕塑，象征着科西莫利用他的智慧，击败了敌人，给佛罗伦萨人民带来了幸福与安定。花园四周的雕像，表示了美第奇家族高贵的美德：正义、怜悯、英勇、高贵和心胸。

另一景点是动物石窟（图4-41）。在花园入口的一个墙体里，嵌满了石灰石成型的各种动物雕像，好像天然洞窟。进入洞室后，能看到四处清凉的水流。

图4-39 圣林中的亚平宁雕像

图4-40 赫拉克勒斯和安泰喷泉

图4-41 动物石窟

图4-42 成排种植的各类柑橘树

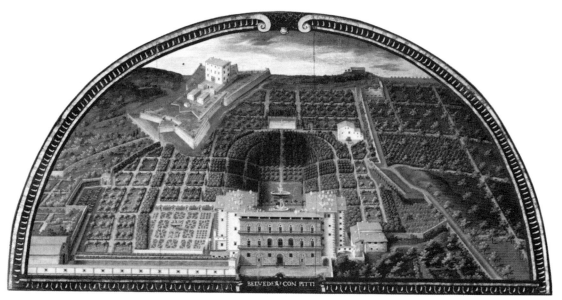

图4-43 波波里花园全景图

柑橘园（图4-42）内两端建有温室。庄园收藏了100多种进口的、矮化的柑橘树，欧洲的柑橘树栽培起于15世纪中叶，并在卡斯特罗庄园得到了大规模的种植。收藏的柑橘树，冬天被安置于温室中。这类柑橘园不仅在文艺复兴时期的意大利十分流行，也影响到欧洲各国，法国的凡尔赛至今仍保留着这一传统形式的柑橘园。

药草园是一个单独的花园，主要种植药用植物和外来引种花卉，尤其是罕见的双茉莉花。

卡斯特罗庄园规整的布局，象征着30年来战乱、贫穷状况后新秩序的建立。庄园被划为16个呈现完美几何图案的区间，这是轴线的首次运用。

此外，卡斯特罗庄园自初期便繁花似锦，如玫瑰、百合、双茉莉花等，是文艺复兴高峰时的花园，以丰富的喷泉、雕塑和石窟驰名欧洲，并对意大利文艺复兴花园和法国规整式花园产生了深远的影响。

（8）波波里花园

该园位于意大利佛罗伦萨城西南角，原属于科西莫一世，现在为佛罗伦萨城市博物馆所有。

1549年，彼蒂家族的后代将宫殿及土地全部卖给科西莫一世，成为科西莫夫人埃勒奥娜拉·迪·托莱多的宅邸。1550年，托莱多夫人委托特里波洛改建彼蒂宫后的庭园。特里波洛死后，工程由雕塑家及建筑师阿曼纳蒂（Bartolommeo Ammannati，1511—1592）接手，最后由建筑师兼舞台设计师波翁塔伦蒂（Bemardo Buontalenti，1536—1608）完成这一宏伟的庄园建造任务。这是美第奇家族中最大、保存最完整的一座庄园（图4-43）。

波波里花园面积约0.6平方千米，由东、西两个相对独立的部分组成。园地向东西延伸，东部稍宽，西部呈楔形。东部花园以北端的彼蒂宫为主体，以南北道路为主轴来布置。与南北主轴近乎直交的一条横轴，向西延伸，在西部花园中形成东西向的主轴园路，贯穿全园。

彼蒂宫南面露台上有八角形的三叠盘式涌泉，以此作为东部花园中轴的焦点。露台下有洞窟，洞中饰以雕像及跌水。再向南，花园在轴线上布置有三层台地。底层台地上是马蹄形阶梯剧场，中央有大型水盘和方尖碑（图4-44），围以半圆形观众席，六排石凳逐渐升高，坐落在山坡上。观众席周边有栏杆，上层栏杆之间设壁龛，其中有雕像（图4-45）。栏杆后是整形月桂篱，覆被在斜坡上的冬青形成阶梯剧场的背景。

从阶梯剧场沿中轴向南，穿过冬青树林间的斜坡，到达中层台地。台地中央是博洛尼亚制作的海神尼普顿青铜雕像泉池，围以三层呈马蹄形的草坪斜坡，与底层的剧场相呼应。草坪斜坡上方的顶层台地上有白色大理石的女神像，作为东部花园中轴线上的另一个焦点，与宫殿露台上的盘式涌泉遥相呼应。

沿顶层台地右侧的台阶向上，是以黄杨镶边的花坛组成的"秘园"，称为"骑士庭园"，园中央有装饰着青铜猿形雕像的喷泉。园东有望楼，比宫殿高出约40米，由此可眺望佛罗伦萨全城景观。东园的南端直抵城墙。

西部花园中则没有采用台地式布置。由东向西，在逐渐下降的坡地上，丝杉林荫道构成一条长约800米的主轴线。主轴两侧是冬青围合的茂密丛林，其中还有一处菜园。丛林中的园路纵横交错，为了便于辨别，在路口设有大理石像（图4-46）。穿过丝杉林荫道至平坦处，即为"伊索罗托"柠

图4-44　花园中的方尖碑

图4-45　壁龛中的雕像

图4-46　西部花园入口的大理石像

檬园。这里是冬青绿篱围绕着的椭圆形水池，中央有椭圆形花岛，有两座小桥与岸相连。池中有骑马者的群像，岛中矗立着大洋之神俄克拉诺斯雕像喷泉。岛及池边的栏杆上，摆放着大量栽植柑橘和柠檬的陶盆，在开花季节，金黄色的花朵倒映在水中，形成美妙的花岛。中轴线穿过水池，直至楔形顶端结束。

　　在文艺复兴后期巴洛克风格的影响下，波波里花园中建有一座岩洞建筑，是意大利园林中最具代表性的岩洞之一。洞内有表现爱情的大理石雕像，墙壁上以凝灰岩结合壁画描绘出牧羊人欢乐的生活场景。

4.3.2 文艺复兴中期园林的特征

①庄园多建在郊外的山坡上，依山就势辟成若干台层，形成独具特色的台地园。园林布局严谨，有明确的中轴线贯穿全园，联系各个台层，使之成为统一的整体。中轴线上则以水池、喷泉、雕像以及造型各异的台阶、坡道等加强透视线的效果，景物对称布置在中轴线两侧。各台层上常以多种理水形式，或理水与雕像相结合作为局部的中心。

②理水技巧已十分娴熟，不仅强调水景与背景在明暗与色彩上的对比，而且注重水的光影和音响效果，甚至以水为主题，形成丰富多彩的水景。如以音响效果为主的水景有水风琴、水剧场等，它们利用流水穿过管道，或跌水与机械装置的撞击，产生不同的音响效果。还有突出趣味性的水景处理，如秘密喷泉、惊愕喷泉等，产生出其不意的游戏效果。

③植物造景亦日趋复杂，将密植的常绿植物修剪成高低不一的绿篱、绿墙，绿荫剧场的舞台背景、侧幕，绿色的壁龛、洞府等。花卉种类不断丰富，使得花园五彩缤纷。此外，花坛、水渠、喷泉等的细部造型也多由直线变成各种曲线造型，令人眼花缭乱。

4.4 文艺复兴后期园林

4.4.1 文艺复兴后期园林实例

（1）阿尔多布兰迪尼庄园

阿尔多布兰迪尼庄园位于意大利罗马东南约20千米处，亚平宁山腰上的弗拉斯卡迪镇。庄园的园主是皮埃托·阿尔多布兰迪尼（Pietro Aldobran-dini，1572—1621），现仍属于阿尔多布兰迪尼家族（图4-47）。

阿尔多布兰迪尼庄园是1598年由建筑师波尔塔开始建造，1603年完成，水景工程则由封塔纳和奥利维埃里共同完成。

庄园入口设在西北方的皮亚扎广场，从广场上放射出三条林荫大道，两边的栎树修剪整齐，形成茂密的绿廊。道路沿山坡缓缓而上，尽头是以马赛克饰面的大型喷泉。两侧有平缓的弧形坡道，通向第一台层。坡道上饰有盆栽柑橘和柠檬，外侧墙上有小型岩洞喷泉。从另一对弧形坡道可上到第二台层。这两

图4-47 阿尔多布兰迪尼庄园入口景观

图4-48 阿尔多布兰迪尼庄园水剧场，尽显巴洛克风格特征

图4-49 水阶梯

图4-50 古船形泉池

层坡道在府邸前围合出与中轴相垂直的椭圆形广场，上有铺装地面和漂亮的石栏杆，挡土墙前有大型洞窟和雕像。在建筑的侧面，种植有悬铃木古树，巨大的体量令人惊奇，树下是丛植的绣球花和草地。

在别墅的背面，大型的露天广场与建筑前面的椭圆形广场相呼应。广场中轴上建有著名的水剧场（图4-48），墙面装饰非常丰富。以壁柱分隔成五个壁龛，仿佛天然岩洞，人们可以进入其中，欣赏表现神话场景的水景游戏。中央壁龛内是肩负着天穹的阿特拉斯顶天力士神像。无数的水柱从半圆形水池中喷射而出，落在布满青苔的岩石上。水剧场左侧为教堂的侧屋，右侧原有水风琴，其声或似鸟叫，或似风吼雷鸣，设计之精巧令人叹为观止，可惜因缺水，现在已悄无声息了。

水剧场后面是建在山坡上的水阶梯（图4-49），两侧高大的栎树林，构成极富感染力的通道。阶梯两侧分立着饰有马赛克家族纹章图案的圆柱，柱身有螺旋形水槽，水流带着小浪花旋转而下，宛如缠绕圆柱的水花环。水流经过水槽及水阶梯，跌落出一系列小瀑布，再注入半圆形的水剧场，发出轰鸣声。

建在平台上的古船形泉池，边缘有两个农夫的雕像，顶上还有一层台地，上建有"乡野"泉池，池中有凝灰岩洞窟，围以自然式的林木，将园林与自然有机地融为一体（图4-50）。从8千米以外的阿尔吉特山引来的水存在贮水池中，保证了园中造景用水。

在阿尔多布兰迪尼庄园中，有一条明显的中轴线，沿线布置着入口广场、林荫道、喷泉广场、建筑、水剧场、水阶梯、贮水池等。当人们由入口沿林荫道行走时，感觉比较平淡而宁静，行至喷泉广场时，豁然开朗，广场上的铺装地面及周围的栏杆、壁龛、雕像，以及中心的喷泉等，组成人工气息浓厚的空间，与林荫道形成强烈的对比，成为中轴线上的一个高潮。同时，与建筑有了协调的过渡关系，并成为建筑的前景。建筑后的水剧场位于园中纵横轴的交汇处，其壁龛、雕塑、喷泉、水池等精巧华丽的装饰，水的音响效果以及周围的花草树木，组成了内容极为丰富的空间环境，达到全园的最高潮。以后的跌水、瀑布、贮水池则逐渐由人工向自然过渡，最后中轴线末端融于由大片树林构成的自然之中。

（2）伊索拉·贝拉庄园

伊索拉·贝拉庄园位于意大利北部博罗梅安群岛的第二大岛马焦雷岛上，距斯特雷萨镇约1.5千米。

该庄园是用洛·博罗梅奥（Carlo Borromeo）伯爵之母伊索拉·伊莎贝拉的名字简称命名，如今为意大利热门的旅游景点，是意大利现存唯一一座文艺复兴时期的湖上庄园（图4-51）。

庄园于1632年开始营造，直至1671年才完成。参加设计建造的有建筑师卡洛·封塔纳（Carlo Fontana，1634—1714）和水工师莫纳，雕塑及其他装饰由维斯玛拉和西蒙奈塔承担。

该岛东西最宽处约175米，南北长约400米，但是用于建庄园的长度只有350米。岛的西边仍有不愿搬迁的村庄居民。

从西北角的圆形码头拾级而上，抵达府邸的前庭。由于是夏季避暑的别墅，故主体建筑面向湖水开窗。向南延伸的长长的侧翼作为客房及画廊，尽端有一椭圆形下沉小院，称为狄安娜前厅。依附于府邸的花园布置在东北边，设有两个台层。在上层约150米长的带状台地有草坪，上面点缀着瓶饰、雕像等，尽头为赫拉克勒斯剧场。高大半圆形挡土墙的正中是赫拉克勒斯力士雕像，两侧壁龛中是希腊神话中各种神的雕像。下层台地中有小巧迷人的丛林。从花园南端的小树林，或者从狄安娜前厅，各有台阶通向台地花园。

台地花园的中轴对着狄安娜前厅，它与府邸前面的花园轴线，从平面上看并非一条直线。然而，由于在转折处的巧妙处理，使人无方向变化之感。在狄安娜前厅的南面两侧，有半圆形的台阶，将人们引至上一台层，使人在不知不觉中改变了方向，从而在全园中形成一条连贯的主轴线。

上了狄安娜前厅两侧的台阶之后，向南再上两层台阶，到达布置有绿丛植坛的台层。再向上的台层上在轴线两侧是花坛，外侧各有六棵高大的柏木。再向南有连续的三层台地，台地的北侧便是著名的巴洛克式水剧场（图4-52），由数层壁龛构成，龛内饰以贝壳、浮雕，在石栏杆和角柱上有形形色色的雕像，顶端是骑士像，两侧有横卧的河神像，在石金字塔上点缀着镀金的铸铁顶，形成水剧场辉煌壮丽的外观。从水剧场两侧台阶可上到顶层平台，这里完全是硬质铺装，围以雕像柱和瓶饰的石栏杆，在此可一览四周的湖光山色。顶层平台南端是九级狭长的台地，一直伸到水边。台地上种有柑橘等植物，中间的台地较大，围绕着水池有四块精美的花坛（图4-53）。

台地下有大型贮水池，以泵提升湖水上岛，供全园水景之需。在花坛台层的东西两端，各有八角形的水城堡，其中之一用于安装水工机械，是实用与美观相结合的佳作。花坛两侧有台阶通至下面临近水面的台层，这里也作码头之用。在东南角的三角地上布置有柑橘园，其北是矩形花园台地，沿湖有美丽的铁栏杆，在此可凭栏眺望群岛中的第一大岛——伊索拉·马托勒岛的景色。

这座置身于湖光山色中的庄园，充分展示了人工建造的台地以及人工装饰的魅力，与其说它是一座用于静心居住和游乐的花园，不如说它是一个豪华装饰的场所，在这里建筑和雕塑起着主导作用，大量的装饰物体现出这个时代的巴洛克艺术的特征。然而，远远望去它仍然是一座笼罩于绿荫之中的宫殿。

（3）加尔佐尼庄园

加尔佐尼庄园位于意大利托斯卡纳地区卢卡省的克罗迪小镇。园主是罗马诺·加尔佐尼，现仍属于加尔佐尼家族。

17世纪初，罗马诺·加尔佐尼要求建筑师奥塔维奥·狄奥达蒂为其在小镇克罗迪附近建造庄园，以期成为这个地区的代表作。几年后，弗兰塞斯柯·斯巴拉建成了花园的台地部分和宽敞的半圆形入口。一个世纪之后，罗马诺·加尔佐尼的孙子才将花园最终建成，并一直保持到现在。

园中首先映入眼帘的，是色彩艳丽的大花坛。两座圆形水池中有睡莲和天鹅，中央喷水水柱高达10米（图4-54）。水池边还有花丛，构图不再严格

图4-51　彰显着巴洛克风格的贝拉岛

图4-52　巴洛克式水剧场

图4-53　精美的模纹花坛

对称，以花卉和黄杨组成的植物装饰更注重色彩、形状的对比效果和芳香的气息，明显受到法国式花园的影响。此外，园中到处有装饰着卵石镶嵌的图案和黄杨造型的各种动物形象，烘托出轻松欢快的气氛。

花园第一部分以两侧登道的三层台阶作为结束，与水平的花坛对比强烈。台阶的体量很大，有纪念碑式的效果。挡土墙的墙面上，饰以色彩丰富的马赛克组成的花丛图案，还有装饰着陶土人像的壁龛（图4-55）。台阶边是图形复杂的栏杆，色彩对比强烈。第一层台阶是通向棕榈小径的过渡层。第二层台阶两侧的小径设有大量的雕像，小径的一端是花园的保护女神波莫娜雕像，另一端是树荫笼罩中的小剧场。

第三层台阶处理得非常壮观，在花园的整体构图中起着主导作用，这里又是花园的纵轴与横轴的交汇处。台阶并不是将人们引向别墅建筑，而是沿纵轴布置一长条瀑布跌水，上方有罗马著名的代表性形象"法玛"像，水柱从他的号角中喷出落在半圆形的池中，然后逐渐向下跌落，形成一系列涌动的瀑布和小水帘。雕像后有惊愕喷泉，细小的水柱射向游客，取悦于人。这部分花园虽然已经荒弃，但还保留了这种使人惊愕不已的水游戏。

花园的上部是一片树林，林中开辟出的水阶梯犹如林间流淌的瀑布，水阶梯两侧等距离地布置着与中轴垂直的甬道。两条穿越树林的园路将人们引向府邸建筑，一条经过竹林，另一条沿着迷园布置。穿越竹林的园路尽端是跨越山谷的小桥，小桥两侧的高墙上有马赛克图案和景窗，由此既可俯视迷园，又可看到多个美妙的风景画面。

加尔佐尼庄园在规划上显得非常独特，其简明的形式和质朴的空间，无疑是古典园林的手法，花园中的造园要素和细部的处理，都表现出巴洛克风格的倾向。

（4）奥西尼别墅 / 圣心森林

奥西尼别墅位于意大利中部维泰博省拉齐奥的Bomarzo小镇较低的台伯河山谷中。属于奥尔西尼（Vicino Orsini，1538—1588），20世纪70年代开始由Bettni family修复，现今仍为私人财产，也是意大利的一处旅游胜地。

奥尔西尼家族出了三位教皇和数十位主教，但维奇诺·奥西尼是个实干家，也是个士兵和诗人，他十分贫穷，直到与富裕的法尔奈斯家族通婚后，才有能力修建花园。

圣心森林建于1552年，与其他庄园不同，该园的花园与建筑分开并隐藏在谷底中。花园也有别于同时期的花园，其小路蜿蜒曲折，丝毫没有对称感，透过树木，奇幻的景象若隐若现（图4-56）。传统的花园样式是在自然景观基础之上通过人工改造而成，而这一座花园则依循原有自然条件，虽然没有规整的人工味，却不失为无序的美。

花园中心是个巨大的地狱之口（图4-57），它意指但丁《神曲》中的《地狱篇》。入口有题字建议游客抛弃所有的思虑，而存有希冀。这个怪物造型狰狞恐怖，而其中却布置得像一间野餐屋，这里是公爵邀请客人的休闲之地。花园中还有一栋两层小屋（图4-58），建在山坡上，像快要倒塌的样子。通常，人们认为这象征着奥尔西尼家族家道中落。神奇的是，这座歪斜的房子，经历了500多年依然矗立着。

花园中布满了即兴而作的雕像，由于岁月的流逝，雕像上长满了青苔，放眼望去，仿佛树木、雕塑与土地都融为了一体。其中有座巨大的雕像，表现的是大力神正在主持正义，因为卡库斯偷了他的牛，而遭到了他的复仇。这一雕

图4-54　加尔佐尼庄园入口水景

图4-55　华丽的壁龛

图4-56　别出心裁的圣心森林

图4-57　地狱之口

图4-58　倾斜小屋

塑反映了维奇诺·奥尔西尼对罗马统治者的不满。

（5）冈贝里亚庄园

冈贝里亚庄园位于意大利托斯卡纳地区佛罗伦萨以东塞替涅阿诺村边。园子的主人原是查诺比·拉比，如今是意大利一处对外开放的旅游胜地。

1618年，富商查诺比·拉比购下这块地建造了别墅和花园，这是一个典型的佛罗伦萨式的小型庄园，采用均衡而规则的布局。一个世纪之后，庄园为卡波尼家族所有，他们对别墅的改动不大，只扩大了花园。

第二次世界大战期间，庄园被破坏得面目全非。直到1954年，马赛洛·马尔西根据过去的平面图及草图加以重建（图4-59），前后用了六年时间。后来的园主又对别墅建筑做了一些改动。

庄园入口设在别墅建筑的侧面，稍稍偏离轴线，比较隐秘。建筑南面是一组美丽的花坛，而从17世纪的平面图上看，这里原是鲜花盛开的果园，后来改成模纹花坛。现在人们看到的是后来的园主、罗马尼亚公主吉卡在19世纪末重建的样子（图4-60）。小径两侧是精心修剪的黄杨篱，路面以精致的卵石铺成，边缘置有几条座凳。黄杨植坛中夹杂着月季花丛，鲜艳的色彩与黄杨植坛形成强烈对比。还有四个矩形水池及种在陶土盆中的柠檬，整体上形成一种装饰丰富、气氛宁静的效果。轴线的端点是半圆形睡莲池，围以佛龛形的整形柏树，构成一座小型的绿荫剧场（图4-61）。柏树篱作为花园的尽端，遮挡住人们的视线，后来的园主在柏树篱上开出拱门，形成景门，从中可以遥望园外种满油橄榄的托斯卡纳山的风景。

花园的边缘，还有一条十多米宽、三百多米长的草坪带贯穿全园，它将人们引向花园边的平台，从那里可以观赏庄园周围的油橄榄和葡萄园，从视觉上将庄园内外部景观连成一个整体。

草坪带的另一侧是帕拉托花园（图4-62），过去是以柏树围合的庭园，现在一侧是别墅建筑，另一侧是高大的挡土墙，墙上饰以各种圆雕图案，极富韵律感。花园是将山腰推平而建的，形成岩洞式的空间，入口处只有一座小门。园内点缀着卵石镶嵌的路面铺装、页岩或陶制塑像，以及春夏季各种花卉装饰，加上小喷泉带来的湿润，形成理想的、富有活力的小空间。从设在两侧的双层台阶可到上层的栎树林中。树林既起到控制花园空间的作用，又带来一些自然气息。与栎树林相对的是柑橘园（图4-63），园中种有柠檬、柑橘，还有夏季开花的花卉及芳香植物等，边缘还有一片栎树林。穿过此林，是帕拉托花园的尽头，半圆形的挡土墙上设有壁龛，龛中是海神尼普顿的雕像，周围古柏参天。

冈贝里亚别墅庄园布局巧妙、尺度适宜、气氛亲切、光影平衡；含蓄的象征性手法、简洁而均衡的构图、深远的透视画面，使其成为托斯卡纳地区众多花园中非常宜人的一个花园。

（6）皮萨尼庄园

皮萨尼庄园位于意大利北部威尼托内地的斯特拉。庄园原属于阿尔维斯·皮萨尼，1882年后，成为意大利国家遗址庄园。

皮萨尼家族曾在威尼斯经营银行并经商，从14世纪起他们就富甲一方且有权有势。皮萨尼庄园最初只是16世纪晚期的农庄，但在1720年，农庄被推倒，一座奢华的宫殿建了起来，以供皮萨尼家族夏季在此嬉乐。

阿尔维斯·皮萨尼，曾作为威尼斯的大使，常驻在路易十四的凡尔赛宫廷中。他希冀自己在斯特拉的庄园能仿效这位太阳王的宫殿。因此，尽管皮萨

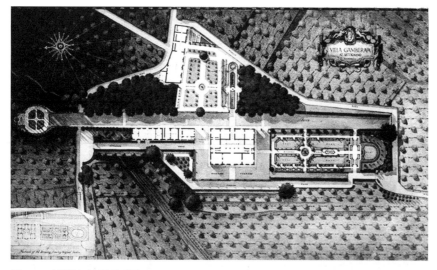

图4-59　冈贝里亚庄园平面图

图4-60　庄园现状

图4-61　花园尽头的绿荫剧场

图4-62　帕拉托花园

图4-63　柑橘园

尼庄园只有0.040 47平方千米，却通过巧妙的设计，创造出壮观的景色（图4-64、图4-65）。

　　进入庄园后，会发现数条林荫大道延伸至各处大门。实际上，这种技巧被广泛用于18世纪的许多庄园。因为庄园占地并不大，所以先穿过小树林，之后到达正门或者是玄关，会使得庄园看起来比实际大很多。当游客来到这里，看到这种布景就会觉得目之所及都是庄园所占之地。

　　植物迷园是庄园中首先修建的场所，简直是完美的嬉游之地。这座迷宫修建于1720年，如今还是原汁原味，并未随着迷宫中角树的变化而变化。

　　在距迷园不远处，有一间咖啡室。这个拱廊式亭阁筑于小丘上，丘内设有一冰窖。冬天，人们从环绕的壕沟中敲来冰砖，堆满冰窖，到了夏天寒冰融化，凉爽的冷气便会自下而上，由冰窖吹入亭阁。

图4-64 皮萨尼庄园全景

图4-65 皮萨尼庄园的水景

（7）卡塞塔宫

卡塞塔宫位于意大利卡帕尼亚地区的卡塞塔，原属于波旁皇族查理斯三世，现为意大利政府所有。1997年，被联合国教科文组织列为世界文化遗产。

卡塞塔宫始建于1751年（图4-66），当初设想建成欧洲最大、最壮观的园林。其花园主轴上精心修剪过的大树和篱笆筑成的高墙，又叫观赏性森林（图4-67），是意大利花园的普遍特色。走在中轴大道上，花园的景致逐渐展现出来，让人仿佛走进仙境（图4-68）。

花园是典型的巴洛克和洛可可设计，规模十分惊人，仅仅把水引入运河和喷泉中就凿通了6个山头，建了一条长达33千米的水渠。

卡塞塔宫是意大利最后一座按照正统风格建造的壮丽花园，当它完工时，全欧洲的园林样式发生了巨变。1786年，即花园完工的第10年，它便过时了。

4.4.2 文艺复兴后期园林的特征

文艺复兴后期园林倾向于矫揉造作和夸张的风格，属于巴洛克风格的园林形式。具体表现在以下几个方面：

①造园愈加矫揉造作，大量繁杂的园林小品充斥着整个园林。

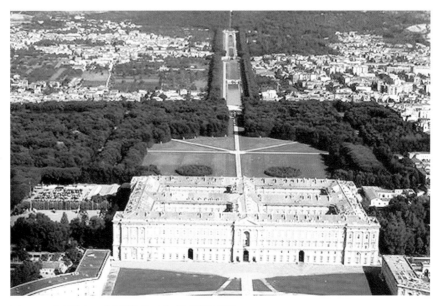

图4-66 卡塞塔宫，意大利最后一座正统风格的花园

图4-67 中轴线两侧的观赏森林

图4-68 气势雄伟的中轴大道

②滥用造型树木，对植物进行强行修剪作为猎奇的手段，形态越来越不自然。

③线条复杂化。花园形状从正方形变为矩形，并在四角加上了各种形式的图案。花坛、水渠、喷泉及细部的线条少用直线，多用曲线。

4.5 意大利台地园的特征

意大利特殊的地理条件和气候特点是台地园形成的重要原因之一。人文主义者渴望古罗马人的生活方式，向往西塞罗提倡的乡间住所，这就促使了富豪权贵们纷纷在风景秀丽的丘陵山坡上建造庄园，并且采用连续几层台地的布局方式，从而形成了独具特色的意大利台地园。台地园随着历史的发展，在内容和形式上也有一定程度的演变，但仍然保持着一贯的特色。

①庄园的设计者多为建筑师，他们善于以建筑设计的方法来布置园林。他们将庄园作为一个整体进行规划，而建筑只是组成庄园的一部分，使植物、水体、建筑及小品等组成一个协调的、建筑式的整体。中轴对称、均衡稳定、主次分明、变化统一、比例协调、尺度适宜的庄园构图，反映着古典主义的美学原则。由于透视学的进步，设计师们也运用视觉原理来创造出理想的艺术效果。在文艺复兴后期，受巴洛克风格的影响，往往在某一局部或景点上精雕细刻，使其绚丽夺目，然而，也出现了忽视整体效果的倾向。

意大利造园家们更喜欢地形起伏很大的园址。他们利用地形来规划园林，园林覆盖在地面上，与地形完全吻合，就像地形的衣服一样。但是，由于地形起伏较大，也使得园林的构图不能随心所欲，排除了所有破坏原地形的构图。地形决定了园林中一些重要轴线的安排，也决定了台地的设置、花坛的位置与大小、坡道的形状等。建筑物的位置安排，也要考虑其与台地之间的关系。因此，台地园的设计方法，从一开始就是将平面与立面结合起来考虑的。一般越接近城市，坡度越缓，则台层相应较少，高差也不很大；距离城市越远，则坡度越大，也就需要设置更多的台层，其间的高差也较大。

②强调园林的实用功能。意大利人喜爱户外生活，建造庄园首先是为了有一个景色优美、适于安静居住的环境。因此，花园被看作是府邸的室外延续部分，是作为户外的起居间来建造的，因而也就由一些几何形体来构成。在庄园中除必要的居住建筑以外，还要有能够满足人们室外活动需要的各种设施。

③台地园的平面一般是严整对称的。建筑常位于中轴线上，有时也位于庭园的横轴上，例如兰特庄园，就是在中轴线的两侧对称排列。庭园轴线有时只有一条主轴，有时分主、次轴，甚至还有几条轴线或直角相交，或平行，或呈放射状。早期的庄园中，各台层有自己的轴线而无联系各层之间的轴线；至中期则常有贯穿全园的中轴线，并尽力使中轴线富于变化，各种水景，如喷泉、水渠、跌水、水池等，以及雕塑、台阶、挡土墙、壁龛、堡坎等，都是轴线上的主要装饰，有时完全以不同形式的水景组成贯穿全园的轴线，兰特庄园就是这样处理的一个佳例。轴线上的不同景点，使轴线具有多层次的变化。

④府邸或设在庄园的最高处，作为控制全园的主体，显得十分雄伟、壮观，给人以崇高、敬畏之感，在教皇的庄园中常常采用这种手法，以显示其至高无上的权力；或设在中间的台层上，这样，既可从府邸中眺望园内景色，出入也较方便，府邸在园中也不占据主导地位，给人以亲近之感；或由于庄园所处的地形、方位等原因，府邸设在最底层，接近入口，这种处理方式往往出现

在面积较大而地形又较平缓的庄园中。

⑤庄园中设置凉亭、花架、绿廊等，尤其在上面的台层上，往往设置拱廊、凉亭及棚架，既可遮阴，又便于眺望。此外，在较大的庄园中，常有露天剧场和迷园。露天剧场多设在轴线的终点处，或单独形成一个局部，往往以草地为台，植物被修剪整形后做背景及侧幕，一般规模不大，供家人或亲友娱乐之用。

⑥当时流行一种叫作娱乐宫的建筑，供主人及宾客休息、娱乐使用，也有专为收集、展览艺术品而建造，特别是为了收集从古代遗址中发掘出的艺术品。这种建筑本身往往也十分华丽壮观，成为园中主景。保存下来的娱乐宫，今日有不少已作为美术馆对外开放。

⑦由于一般庄园面积都不很大，因此扩大空间感、开阔视野、借景园外是设计中的重要手段。在总体布局上往往由下而上，展开一个个景点；然后，由上一层又可俯视下层；最后登高远眺，不仅全园景色历历在目，甚至周围的田野山林，以及远处的城市面貌，均可尽收眼底，令人心旷神怡。因此，借景园外是解决由规则式园林向自然过渡所采取的手法之一。

⑧由于采用台地园的结构，各种形式的挡土墙、台阶、栏杆等就应运而生了。这些功能上所需的构筑物，在文艺复兴时期的意大利园林中，又是艺术水平很高的、美化园林的装饰品，成为庄园的重要组成部分。挡土墙内常有各种壁龛，内设雕像，或与水景结合；墙上往往有不同材料、图案各异的栏杆。台阶的设计在台地园中占有重要地位。台阶的式样变化丰富，根据高差和场地面积的不同，以及上下台层构图上的需要而确定，或根据不同主题的要求来设置。有时为了显示崇高的意境，往往修筑陡峭直上的云梯式登道，其台阶高而宽度小，在缓坡处则台阶低而宽度大；在高差大的地方，有时也用折线式上升，或由两侧环抱的弧形上升。所围合成的广场及形成的堡坎前，则可做成洞府、水池、跌水或喷泉，这些地方往往是中轴线上的主要景点。由于广场及水景处理方式不同，有的显得华丽，有的比较庄严，有的又表现出小巧玲珑、欢快活泼的气氛。栏杆不仅用于建筑的屋顶及阳台上，也用于园中的台层边、台阶旁、池边、供眺望的广场边，还常常与雕塑、瓶饰相结合，其设计形式由初期的简朴大方逐渐演变，日趋精巧细致，具有很高的艺术水平。

⑨在以避暑为主要功能的意大利园林中，水是极为重要的造园要素。人们为庄园选址时考虑的一个重要因素，就是园址附近要有丰富的水源。如果当地天然水源缺乏，园主们便不惜财力，由远方引水入园，创造水景。由于地形变化较大，园中的水体，除了可以扩大空间感，使景物生动活泼，产生柔和的倒影之外，还有许多在平地上难以达到的水景效果。在台地园的最高层常设贮水池，有时处理成洞府的形式，洞中设雕像，作为"泉眼"；或布置岩石溪流，使水源更具真实感，增添了几分山野情趣。沿斜坡可形成水阶梯、跌水，在地势陡峭、高差大的地方，可形成奔泻的瀑布；在不同台层的交界处，可以有溢流、壁泉。在下层台地上，利用水位差可形成喷泉，喷泉样式各异，或与雕塑结合，或喷水图形优美。以后，在喷水技巧上又大做文章，创造了水剧场、水风琴等具有音响效果的水景，还有种种取悦游人的魔术喷泉。低层台地也可汇集众水，形成平静的水池。设计者十分注意水池与周围环境的关系，使之有恰当的比例和适宜的尺度，也很重视喷泉与背景在色彩、明暗方面的对比。在平坦的地面上，也有沿等高线做成的水渠、小运河，在兰特庄园和埃斯特庄园中都有这种类型的水景。总之，在意大利台地园中，随着地形变化，水的处理也多种多样，有动有静，动静结合。

⑩意大利台地园中的植物运用也是考虑了其避暑功能。由于意大利地处西欧南部，阳光强烈，因此，庄园内的植物以不同深浅的绿色为基调，尽量避免一切色彩鲜艳的花卉，在视觉上得到凉爽宜人、宁静悦目的效果。虽然没有五光十色的植物配置，树种也不多，却有着统一的效果。

树形高耸独特的丝杉，又称意大利柏，是意大利园林的代表树种，往往种植在大道两旁形成林荫夹道，有时作为建筑、喷泉的背景，都有很好的效果。此外，园中常用的树木还有石松、月桂、夹竹桃、冬青、紫杉、青栲、棕榈等。其中石松冠圆如伞，与丝杉形成纵横及体形上的对比，往往作背景用。其他树种多成片、成丛种植，或形成树畦。月桂、紫杉、黄杨、冬青等是绿篱及绿色雕塑的主要材料。阔叶树常见的有悬铃木、榆树、七叶树等。

在意大利台地园中，设计者是将植物作为建筑材料来对待的，它们实际上代替了砖、石、金属等，起着墙垣、栏杆的作用。修剪绿篱的运用达到了登峰造极的程度，除了形成绿丛植坛、迷园外，在露天剧场中也得到广泛的应用，形成舞台背景、侧幕、入口拱门和绿色围墙等。在高大的绿墙中，还可修剪出壁龛，内设雕像。绿墙也是雕塑和喷泉的良好背景，尤其是白色大理石雕像，在绿墙的衬托下更加突出。此外，绿色雕塑比比皆是，有的呈几何形体点缀在园地角隅或道路交叉点上，有的修剪成各种人物及动物造型，且造型越来越复杂。

绿丛植坛是台地园的产物，一般以黄杨等耐修剪的常绿植物修剪成矮篱，在方形、长方形的园地上，组成种种图案、花纹，或家族徽章、主人姓名等。作为装饰性园地，绿丛植坛一般设在低层台地上，以便游人居高临下清晰地欣赏其图案、造型。在规则地块上种植不加修剪的乔木，形成树畦，也是台地园中常见的种植方式。树畦既有整齐的边缘，又有比较自然的树冠，常作为水池、喷泉的背景，也起到组织空间的作用。树畦又是由规则的绿丛植坛向周围自然山林的过渡部分，在文艺复兴早期的美第奇庄园中，树畦的运用就很成功。

⑪柑橘园也是意大利园林中常见的，这些柑橘和柠檬等果树都种在大型陶盆中，摆放在园地角隅或道路两旁，绿色的枝叶和金黄的果实，以及装饰效果很强的陶盆都有点缀园景的作用。由于柑橘需要在室内过冬，因此在柑橘园内往往伴随着温室建筑。

总之，文艺复兴时期的意大利园林表现了这一时代意大利人特有的精神、意识。意大利园林是一种以自然材料，如植物、水体、山石等为创作素材的艺术品，同时又是户外的沙龙，人们在此交际、娱乐、避暑、休养。为人们创造适宜生活和休闲的环境，这就是造园的目的。

4.6 意大利文艺复兴时期造园技术思想的当代借鉴

文艺复兴初期的园林样式可以称为美第奇式园林，主要的代表作品有菲埃索罗的美第奇庄园等。美第奇庄园最大的特点不在于它的建筑细部，而在于它的位置选择，其精巧简洁的设计为人们提供了一个极为开阔的观览范围，因此使周围的山景都成为别墅自身的一部分。初期园林给我们的启示是：设计者在一块很不理想的园地上表现出了非凡的才能，巧妙地划分空间、组织景观，使每一个空间显得既简洁，整体上又很丰富，也避免了一般规则式园林容易产生平板单调、一览无余的弊病。

文艺复兴中期园林的样式主要是台地式园林，主要的代表作品有望景楼花园等。中期园林给我们的启示是：园林布局严谨，有明确的中轴线贯穿全园并联系各个台层，使之成为统一的整体；中轴线上则以水池、喷泉、雕像以及造型各异的台阶、坡道等加强透视的效果，景物对称布置在中轴线两侧；理水技术已十分娴熟，形成丰富多彩的水景；迷园形状复杂，外观轮廓各种各样。

文艺复兴后期的园林样式主要是巴洛克式园林，主要的代表作品有阿尔多布兰迪尼庄园等。在阿尔多布兰迪尼庄园中，有一条明显的中轴线，在中轴线上的布局中，运用了许多空间处理的手法，形成对比、过渡、对应等关联，组成了内容极为丰富的空间环境，中轴线上从起始发展到高潮，最后到结束，将中轴线末端融入大片树林构成的自然之中。给我们的启示是：园林的发展必须尊重其自身的自然规律，即要在结合当时的政治、经济、文化、科技等各种因素的基础上，以功能为主，不能过分注重装饰，否则就会偏离正常的轨道，从而走向衰退甚至消亡。

总之，文艺复兴时期是大师辈出的时代！园林的设计者既是画家、艺术家，又是建筑师、设计师，他们以其卓越的才华创造出的园林作品，影响了欧洲及世界！文艺复兴的意大利园林对欧洲乃至世界园林的贡献是巨大的，其园林作品表现了文艺复兴时期的高度文明和智慧，在文化多元化的今天，文艺复兴时期的园林理论、内容和形式，对我们依然有着深刻的启示。

【拓展训练】

1.回顾古罗马园林，思考其对文艺复兴时期意大利园林的影响，找出两者的异同点。

2.了解、掌握文艺复兴运动对意大利乃至整个欧洲的影响。

3.抄绘菲埃索罗的美第奇庄园的平面及立面图。

4.了解植物园的建立与发展对意大利花园的影响。

5.随着文艺复兴运动的发展，意大利花园是如何变化的？

6.抄绘玛达玛庄园、兰特庄园、卡斯特洛庄园以及波波里花园的平面图。

7.了解雕塑在意大利文艺复兴时期园林中的象征意义。

8.意大利南方花园受英式风格的影响非常明显，如托雷卡庄园（Villa Torrecchia）、辛波内别墅（Villa Cimbrone）、拉莫塔里别墅（Villa）、La Moertella、Villa Ninfa。课外请选择以上案例阅读。

9.谈谈意大利园林对同时代的欧洲其他国家园林的影响。

10.找一幅私人别墅花园图纸，设计一个意大利文艺复兴风格的花园，要求包括1∶300的平面图、立面图。

11.回顾意大利文艺复兴时期园林，总结其特征。

12.查阅相关资料，作一场题为"你不知道的意大利花园"的课堂汇报。

5 法国古典主义园林（17世纪）

【课前热身】

查看 BBC 纪录片：《西洋艺术史——巴洛克时期》。

了解法国文艺复兴运动，以及折中主义、巴洛克风格。

查阅17世纪西欧各国造园的特点，讨论不同造园思潮的相互影响。

【互动环节】

讨论法国古典主义园林中蕴含的红酒文化，彰显的浪漫情怀。

针对上一课的提问进行答疑。

5.1 背景介绍

5.1.1 自然条件

（1）地理区位

法国本土大致呈六边形，三面临水，南临地中海，西濒大西洋，西北隔英吉利海峡与英国相望。三面靠陆，与瑞士、德国、意大利、西班牙等多国接壤，除了占总面积三分之二的平原外，境内多山脉。其中，地中海上的科西嘉岛是法国最大岛屿。

（2）气候条件

法国由于广袤的国土面积和特殊的地理位置，境内气候复杂。其中，西部属海洋性温带阔叶林带气候，南部属亚热带地中海气候，中部和东部属温带大陆性气候。雨量虽不很多，尤其是巴黎盆地地区，但河流纵横交错。

（3）植被资源

茂密的森林占近四分之一的国土面积。在树种分布上，北部以栎树、山毛榉为主，中部以松、白桦和杨树为多，而南部则多种无花果、橄榄、柑橘等。开阔的平原、众多的河流和大片的森林不仅是法国国土景观的特色，也对其园林风格的形成具有很大的影响。

5.1.2 文化背景

古代法国曾是罗马统治下的高卢省。罗马帝国崩溃后，法国经长期的动乱，于843年成为独立的民族国家。腓力二世（Philippe Ⅱ Augustus，1180—1223在位）统治时期，国王的权力得以加强，封建制度得到巩固，并从英国人手中收回了诺曼底。这一时期，手工业和商业得到相应的发展，城市产生了新的活力，都城巴黎的市政设施也有所改善。同时，十字军东征在客观上使西方受到东方文化的影响，拜占庭、耶路撒冷豪华的建筑、园林，以及国王贵族们的生活方式，令西方人钦羡不已。

1494—1495年查理八世（Charles Ⅷ，1470—1498）的拿波里远征，虽然在军事上没有建树，但在文化方面却硕果累累，法国人由此接触到意大利的文艺复兴运动。15世纪后期，路易十一（Louis Ⅺ，1461—1483在位）建立了比较稳定的国防，王权有所加强。弗朗索瓦一世也曾远征意大利并取得胜利，受到教皇在博洛尼亚的迎接，并赐给他拉斐尔所绘的圣母像，得到极大荣誉。一时之间，国王宫廷辉煌灿烂，群贤毕至，这位胜利者意气风发，使法国进入文艺复兴盛期。

路易十四（Louis XIV，1638—1715）（图5-1）即位初期，虽曾有过"投石党之乱"（由于农业歉收和巴黎富商以廉价购买农民土地而引起的一场动乱），但不久即被平息。至1661年，路易十四亲政时，建立了强大的海军，并扩大了东北部的领土。路易十四雄心勃勃，在文化艺术方面，也颇有建树。他大兴土木，建造宫苑，使法国在园林艺术方面也达到了一个高峰。

17世纪的法国园林，不仅在法国历史上取得空前的成就，也登上了欧洲规则式园林发展的顶峰。

5.2 勒·诺特尔与勒·诺特尔式园林

5.2.1 勒·诺特尔简介

勒·诺特尔（Andre Le Notre，1613—1700）（图5-2），1613年出生在巴黎的一个造园世家，13岁起随绘画大师伍埃（SimonVouet，1590—1649）习画，并结识了许多来访的艺术家，如古典主义画家和建筑师勒布仑（Charles Le Brun，1615—1690），他们对勒·诺特尔的艺术思想影响很大。1636年，勒·诺特尔离开伍埃的画室，改习园艺。在此后的许多年里，他与父亲一起，在杜勒丽花园从事一般性的园艺工作，此时他研习了建筑、透视和视觉原理等，还研究过笛卡尔（Rene Descatres，1596—1650）的唯理论哲学，这些在他后来的作品中都有所体现。

勒·诺特尔的成名作是沃-勒-维贡特府邸花园（Vaux-le-Vicomte），该园采用了一种前所未有的样式，开创了法国园林的先河，成为法国古典主义园林的杰出代表。1661年开始，勒·诺特尔受路易十四邀请参加凡尔赛宫苑的设计和建造工作，直到1700年去世。他作为路易十四的宫廷造园家长达40年，被誉为"工之造园师和造园师之王"。他设计和改造了许多府邸花园，表现出

图5-1 法国国王路易十四　　　　　图5-2 勒·诺特尔

高超的艺术才能，形成了风靡欧洲长达一个世纪之久的勒·诺特尔式园林。

勒·诺特尔是法国古典主义园林的集大成者，对后世的园林设计产生了巨大的影响。他的主要作品除著名的凡尔赛宫苑、沃-勒-维贡特府邸花园外，还改造了枫丹白露城堡花园（1660）、圣·日耳曼·昂·莱庄园（1663）、圣克洛花园（1665）、尚蒂伊府邸花园（1665）、杜勒丽花园（1667）、索园（1670）、默东花园（1679）等。

在18世纪初，由勒·诺特尔的弟子勒布隆（Le Blond，1679—1719）协助德扎利埃（Dezallier d'Argenville，1680—1765）写作了《造园的理论与实践》一书，被看作"造园艺术的圣经"，标志着法国古典主义园林艺术理论的完全建立。

5.2.2 勒·诺特尔式园林实例

（1）沃-勒-维贡特府邸花园

沃-勒-维贡特府邸花园位于法国巴黎东南55千米的Maincy，现为Sommier家族的帕特里斯和克里斯蒂娜所有，但定期向公众开放，是法国勒·诺特尔式园林最重要的作品之一，它标志着法国古典主义园林艺术走向成熟（图5-3）。

花园采用古典主义样式，严整对称。府邸平台呈龛座形，四周环绕着水壕沟，周边环以石栏杆，是中世纪城堡手法的延续。入口在北面，从椭圆形广场放射出几条林荫大道。

主花园在建筑的南面，府邸正中对着花园的是椭圆形客厅，饱满的穹顶是花园中轴的焦点。花园中轴长约1千米，两侧是顺向布置的矩形花坛，宽约200米。花坛的外侧是茂密的林园，以高大的暗绿色树林衬托着平坦而开阔的中心部分。因此，花园的布置由北向南延伸，由中轴向两侧过渡。

花园在中轴上采用二段式处理。第一段的中心，是一对刺绣花坛（图5-4），紫红色砖粒衬托着黄杨花纹，图案精致清晰、繁杂华丽并且色彩对比强烈。刺绣花坛的两侧，各有一组花坛台地，东侧地形原来略低于两侧，勒·诺特尔有意抬高了东台地的园路，使得中轴左右保持平衡。第一段以圆形水池作为端点，中央设柱状喷泉，两侧是长条形水池，长约120米，构成垂直于中轴的横轴。顺势修筑了三个台地，最上层两侧对称排列着喷泉，饰以雕塑。挡土上装饰着高浮雕、壁泉、跌水和层层下溢的水渠等。

第二段花园的中轴路两侧，过去有一密布着无数的低矮喷泉的水渠，称为"水晶栏杆"，现已改成草坪种植带。其后是草坪花坛围绕的椭圆形水池，以及沿着中轴路向南的方形水池，水面平静如镜，故称"水镜面"，建筑倒映于水中，形成虚与实的对比，更增加了花园的幽深和神秘。花园的边缘便是长近1000米、宽40米的运河，此处拥有明显的勒·诺特尔式园林印记——以运河作为全园的主要横轴。中轴处的运河水面向南扩展，形成一块外凸的方形水面，既便于游船在此调头，又形成南北两岸围合而成的、相对独立的水面空间，使运河既有东西延伸的舒展，又加强了南北两岸的联系，丰富了局部景观，强调了全园的中轴线。

第三段花园坐落在运河南岸的山坡上，坡脚处理成大台阶。中轴线上有一座紧贴地面的圆形水池，无任何雕琢，但是从中喷出的水花十分美丽。登上台阶，沿着林荫路，到达山坡上的绿荫剧场。半圆形绿荫剧场与府邸的穹顶遥相呼应。坡顶耸立着的海格力斯的镀金雕像，构成花园中轴的端点。

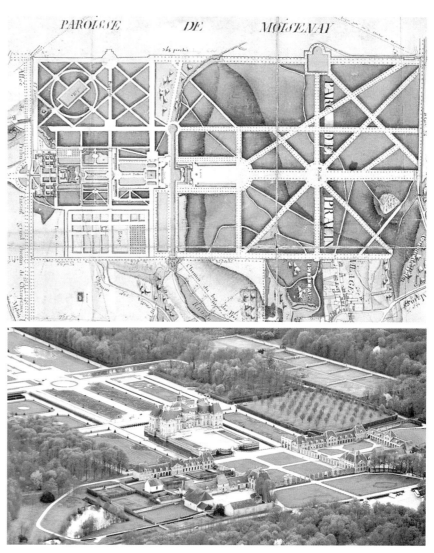

图5-3　沃-勒-维贡特府邸花园平面图及全景

图5-4　刺绣花坛

　　沃－勒－维贡特花园的独到之处，便是处处显得宽敞辽阔，又非巨大无垠。各造园要素布置得合理有序，避免了互相冲突与干扰。

　　（2）尚蒂伊府邸花园

　　尚蒂伊府邸花园位于法国瓦兹省，原属弗朗索瓦一世（François I，1494—1547），现属于法国研究所（Institut de France）（图5-5）。

　　尚蒂伊最早为弗朗索瓦一世建造的宫苑。1643年，孔德家族买下尚蒂

图5-5 阳光下的尚蒂伊花园

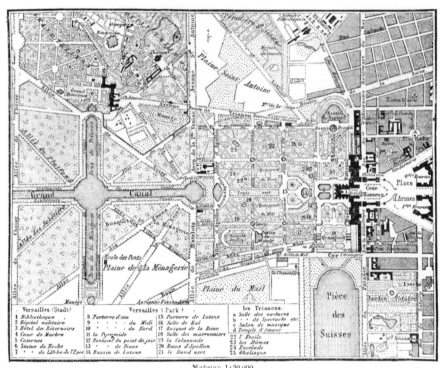

图5-6 凡尔赛宫平面图

图5-7 17世纪的凡尔赛宫苑

伊。1663年，著名将军老孔德（Je Grand Conde，1621—1686）重建。勒·诺特尔将散乱无序的花园进行改造，参与设计建造的还有建筑师丹尼埃尔·吉塔尔（Daniel Gittard，1625—1686）、造园家拉甘蒂尼（Jean de La Quintinie，1626—1688）、水工师勒芒斯等。

府邸建筑因为带有中世纪的特点，平面极不规则，无法从中引出花园的中轴线。勒·诺特尔巧妙地另起炉灶，选择府邸边缘的台地为基点布置花园。后来，建筑师吉塔尔将台地改造成大型台阶，平台上有献给水神的塑像，强调了花园中轴线的焦点。这样，在整体构图上，府邸虽未统率花园，却成为花园的要素之一。

由于尚蒂伊水量充沛，勒·诺特尔首先关注的是水景工程。他将农奈特河汇聚成横向的运河，运河长约1500米，宽约60米，这条运河比沃-勒-维贡特府邸花园中的运河更加宏伟壮观，成为巨型的水镜面。花园中有以水池为主体的花坛，称为"水花坛"，对称布置在中轴线上的运河两侧。花园的中轴线一直延伸到运河的另一侧，这里布置了巨大的半圆形斜坡草坪，与大台阶相对应。花园的西面，在府邸与后来所建的马厩之间，还有一系列美丽的法国式花园和装饰丰富的林园。

尚蒂伊府邸花园以后经历过多次改建。老孔德亲王的儿子、路易十五的大臣小孔德（LouisJoseph，Prince de Cond Ⅵ，1736—1818）将大台阶东侧的林园改建成绿荫厅堂，由园林师索塞和布莱特耶设计。他的儿子路易-亨利（Louis Antoine Henride Conde，1772—1804）又在水花坛之外建造了英国式花园，里面有建筑师勒华建造的"小村庄"。

经过勒·诺特尔改建的尚蒂伊府邸花园，完全体现出法国式园林的特点，尽管不像其他古典主义园林那样规整，但是勒·诺特尔大手笔的处理方式使它具有了宏大的气势。花园几乎处在同一个平面上，平坦舒展。特别是大运河的开创，给人以强烈的震撼，水花坛和水镜面的处理独具特色。

（3）凡尔赛宫苑

凡尔赛宫苑位于法国凡尔赛市，原属法国国王路易十四，现作为博物馆对外开放。宫廷则仍行使政治职能，作为元首会晤、国会商讨等用途（图5-6、图5-7）。

路易十四选择的凡尔赛，原是一个小村落，周围是一片适宜狩猎的沼泽地。这一选择被圣西门公爵（Louis de Rouvroy，duc de Saint-Simon，1675—1755）形容为"无景、无水、无树，最荒凉的不毛之地"。然而，路易十四的决定不容更改，他在回忆录中还十分得意地说："正是在这种十分困难的条件下，才能证明我们的能力。"

凡尔赛宫苑占地面积巨大，规划面积达16平方千米，其中仅花园部分面积就达1平方千米。如果包括外围的大林园，占地面积达60平方千米。园林从1662年开始建造，到1688年基本建成，历时26年之久。

花园中首先建造的是宫殿凸出部分前的刺绣花坛，后又改成"水花坛"。现在的"水花坛"是一对矩形抹角的大型水镜面，大理石池壁上装饰着爱神、山林水泽女神以及代表法国主要河流的青铜像，塑像都采用卧姿，与平展的水池相协调。从宫殿中看出去，水花坛中倒映着蓝天白云，与远处明亮的大运河交相辉映。

从水花坛西望，中轴线两侧有茂密的林园，高大的树木修剪齐整，增强了中轴线立体感和空间变化。花园中轴的艺术主题完全是歌颂"太阳王"路易十四的。起点是饰有雕像的环形坡道围着的"拉托娜泉池",池中是四层大理石圆台,拉托娜雕像耸立顶端,表现的是拉托娜手牵着幼年的阿波罗和阿耳忒弥斯,遥望西方。下面有口中喷水的乌龟、癞蛤蟆和跪着的村民,水柱将雕像笼罩在水雾之中。

从拉托娜泉池向西行,是长330米、宽45米的"国王林荫道",大革命时改称"绿地毯",中央为25米宽的草坪带,两侧各有10米宽的园路。其外侧每隔30米立一尊白色大理石雕像或瓶饰,共24个,在高大的七叶树和绿篱的衬托下,显得典雅素净。林荫道的尽头,便是"阿波罗泉池"(图5-8)。椭圆形的水池中,阿波罗驾着巡天车,迎着朝阳破水而出。紧握缰绳的太阳神、欢跃奔腾的马匹塑像栩栩如生。当喷水时,池中水花四溅,整个泉池蒙上一层朦胧的水雾。夕阳下,镀金的太阳神雕像在水面上放射出万道光芒。

阿波罗泉池之后,便是凡尔赛中最壮观的呈十字形的大运河,它既延长了花园中轴的透视线,也是为沼泽地的排水而设计的。路易十四经常乘坐御舟,在宽阔的水面上宴请群臣。大运河的西端还有一个放射出十条道路的中心广场——皇家广场。

在水花坛的南北两侧有"南花坛"和"北花坛"。这两座花坛一南一北,一开一合,表现出在统一中求变化的手法。南花坛台地略低于宫殿的台基,实际上是建在柑橘园温室上的屋顶花园,由两块花坛组成,中心各有一喷泉。由此南望,低处是柑橘园,远处是"瑞士人湖"和林木繁茂的山岗。与南花坛相对照,北花坛则处理成封闭性的内向空间。这里地势较低,也有两组花坛及喷泉,四周围合着宫殿和林园,十分幽静。

无论从平面构图还是从整体宏观效果上看,凡尔赛宫苑都显得宏伟有余,而丰富不足;高度统一,却似乎缺乏变化。然而,当你进入国王林荫道两侧的林园之后,才会发现隐藏在大片林地之中的另一个世界。林园是凡尔赛宫苑中最独特、最可爱的部分,是真正的娱乐休憩场所。这些空间一般尺度较小,显得亲切宜人。

林园(图5-9至图5-11)的设计和建造倾注了勒·诺特尔全部心血,由于国王不断产生新的要求,林园的形式也在不断变化。全园共有14处小林园,其中两处在水光林荫道路的两边,其余的布置在中轴两侧,以方格网园路划分成面积相等的12块。园路的四个交点上布置有四座泉池,池中分别有象征春天的花神、象征夏天的农神和象征冬天的酒神雕像等,代表四季交替。每一处小林园都有不同的题材、别开生面的构思和鲜明的风格。

凡尔赛宫苑是作为露天客厅和娱乐场来建造的,是宫殿部分的延续。它展示了高超的开辟广阔空间的艺术手法。并且,当时最先进的科学技术也大量运用于造园之中,如号称当时工程奇迹的引水技术以及大树移栽。

凡尔赛宫苑中雕塑(图5-12)林立,其主题和艺术风格十分统一。作家贡布斯曾说,这一时期的法国,在建筑、雕塑、绘画、造园、喷泉技术及输水道的建造等方面,均已超出意大利及其他欧洲国家的水平,并认为凡尔赛的建造就是为给法国带来永久的光荣。尽管德国、奥地利、荷兰、俄罗斯和英国都相继建造自己的"凡尔赛",然而,无论在规模上还是在艺术水平上都未能超越凡尔赛。

1715年路易十四死后,凡尔赛宫苑几经沧桑,渐渐失去17世纪时的整体风貌。规划区域的面积从当时的16平方千米,缩小到现在的8平方千米。虽然园林的主要部分还保留着原来的样子,却难以反映出鼎盛时期的全貌了。

图5-8 阿波罗泉池

图5-9 泉池

图5-10 水光林荫道

图5-11 各具特色的林园

图5-12 园中的雕塑

（4）特里阿农宫苑

特里阿农宫苑位于法国伊夫林省，原属路易十五，现属于法国政府。

1670年，路易十四下令在凡尔赛宫北端附近的特里阿农修建行宫。路易十五（Louis XV，1715—1774在位）即位后，非常喜爱特里阿农宫苑（图5-13），故对其进行了改建。

路易十五爱好植物学，因而将一部分花园改成植物园，鼓励进行外来植物的引种试验。1750年，加伯里埃尔（Jacques-Ange Gabriel，1698—1782）在特里阿农的西面，建造了"新动物园"，在低洼的庭院和简易牲畜棚中，养着许多小宠物。周围是广阔的引种试验花圃，其中有加伯里埃尔设计的称为"法国亭"（图5-14）的小建筑。这个起初只是为了满足路易十五喜好的游乐和消遣场所，后来成为非常重要的科研中心。1759年在此建立了植物园，内有大型温室，并有许多观赏植物。1764年以后，主要种植观赏树木。1830年后，又增加了许多新品种和许多美观的外来树种。

1762—1768年，路易十五在法国亭前建造了一处宁静的住所，称为"小特里阿农"（称路易十四的大理石宫为"大特里阿农"），周围有小型的法国式花园，一直延伸到特里阿农大理石宫。路易十六（Louis XVI，1774—1792在位）登基后，为王后在此建造了小城堡。不久之后王后就对花园进行了全面改造，形成英中式花园风格。

（5）枫丹白露宫苑

枫丹白露宫苑位于法国巴黎东南约55千米处，原属弗朗索瓦一世（Fran & ccedilois I，1494—1547），现属于法国政府所有。1981年被联合国教科文组织列为世界文化遗产。

1528年，弗朗索瓦一世重新建造了枫丹白露宫苑（图5-15）。此后，这座宫殿随着君王的更替，经历了不断的改建和修缮（图5-16）。

喷泉庭院是近似方形的内庭，16世纪时，庭院中有一座米开朗琪罗塑造的"海格力士"雕像喷泉，王朝复辟时期改成佩迪托塑造的郁利斯雕像。从喷泉庭院南望，是宽阔的水池和远处的树木，景色秀丽，视野开阔而深远。

新宫殿的北面是封闭的"狄安娜花园"，园内有狄安娜大理石像。1645年，勒·诺特尔改建了狄安娜花园。喷泉四周设刺绣花坛，装饰了雕像和盆栽柑橘。拿破仑时代又将狄安娜花园改成英国式花园，过去的小喷泉改成大理石池壁、青铜像装饰的

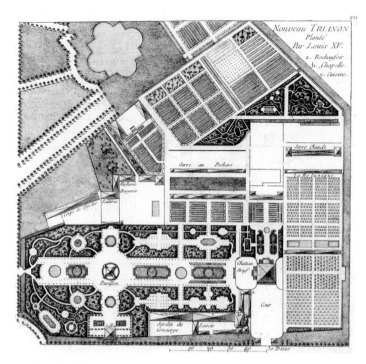

图5-13　特里阿农宫苑平面图

图5-14　园中的法国亭

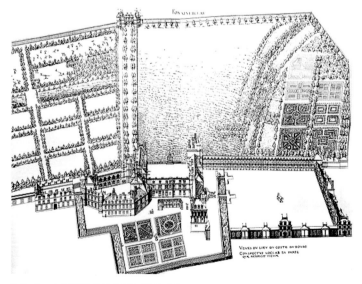

图5-15　16世纪的枫丹白露宫苑平面图

图5-16　枫丹白露宫苑现状

泉池，并成为这座小花园的主景，一直保留到现在。现在看到的狄安娜铜像，是1684年由克莱兄弟重新塑造的。

在鲤鱼池的西面，有弗朗索瓦一世建造的"松树园"，因种有大量来自普罗旺斯的欧洲赤松而著名。园内静谧幽深，富有野趣。1543—1545年，意大利建筑师赛里奥在里面建造了一处三开间的岩洞，立面是粗毛石砌的拱门，镶嵌着砂岩雕刻的四个巨人像，显得古朴有力。洞内装饰具有意大利文艺复兴时期风格，布满了钟乳石，这是在法国建造最早的岩洞。现在园中种有大量的悬铃木和落叶松。

鲤鱼池的东面还有一个大花园，中心是巨大的方形花坛，它与围绕"卵形庭院"布置的宫殿部分相平行。1600年，工程师弗兰西尼用水渠将花坛分隔成三角形的四大块，花坛中间是大型泉池，池中有狄伯尔的青铜像，因此称之为"狄伯尔花坛"。1664年，勒·诺特尔对此进行改建，花坛中增加了黄杨篱图案，并将狄伯尔铜像移到一圆形水池中。现在的花坛中已没有了黄杨图案，狄伯尔铜像也在大革命时期被熔化了。

勒·诺特尔主要改造了枫丹白露宫苑中的大花园，创造出广袤辽阔的空间效果。但是，于不同时期所形成的水景，无疑是枫丹白露宫苑最突出的景观。无论是大运河（图5-17）和鲤鱼池，还是一系列的水池和喷泉，都给人们留下了深刻的印象。

（6）丢勒里宫

丢勒里宫位于法国巴黎市中心的塞纳河北岸，原属凯瑟琳娜·德·美第奇（Catherine de' Medici，1519—1589），现属于公共花园，是巴黎建造最早的大型花园，法国历史上的第一个公共花园（图5-18）。

1546年，建筑师德劳姆开始建造长条形的宫殿。亨利四世登基之后，为了便于工作，曾设想将丢勒里宫与卢浮宫连接起来，形成巨大的宫殿群，其设想直到19世纪后半叶的拿破仑三世时期才得以实现。然而，丢勒里宫在1871年毁于一场大火，1882年后被完全拆除，于是丢勒里宫便与卢浮宫连接在一起了（图5-19）。

丢勒里宫建造之初，西面还是一片开阔的乡村，花园由网格形园路划分为小方块形花坛和林园。林园分两种：一种是修剪成方块的树木丛，形成密林效

图5-17　枫丹白露宫苑的大运河

图5-18　凯瑟琳娜·德·美第奇

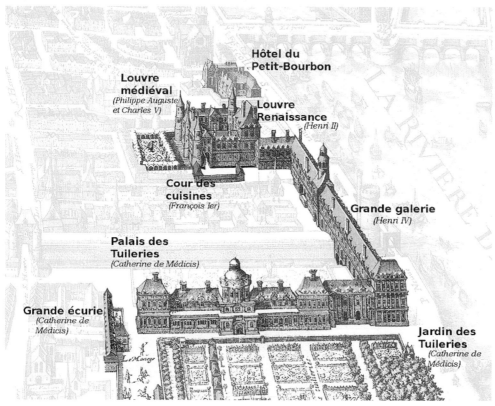

图5-19　中世纪的卢浮宫（背景）和丢勒里宫（前景）（1615年）

果；另一种采用梅花形种植形成树木走廊，里面种有花灌木和草坪。宫殿前布置了8块方形花坛，整体上表现出意大利文艺复兴时期花园的特色。

亨利四世时期，养蚕业传入法国。人们在丢勒里花园中引种桑树。路易十三时期，在园中还设置了一处养蚕场，以及动物饲养场，并曾在其中狩猎。不断的修建和改造，使得丢勒里宫在整体上失去了统一性和秩序感。

后来勒·诺特尔对丢勒里宫进行了全面的改造，将花园与宫殿统一起来，在宫殿前面建造了图案丰富的大型刺绣花坛，形成建筑前的一个开敞空间。作为对比，刺绣花坛后面是茂密的林园空间，由16个方格组成，布置在宽阔的中轴路两侧。林园中仍然以草坪和花灌木为主，其中一处做成绿荫剧场（图5-20）。

为了在花园中形成欢快的气氛，还建造了一些泉池，重点是中轴上的圆形和八角形的两个大水池。中轴西端建造了两座半圆形的大坡道，进一步强调中轴的重要性，增加视点

图5-20　勒·特诺尔改造后，由丢勒里宫和卢浮宫组成的复杂布局

高度上的变化。花园两侧设置平行于塞纳河的高台地，形成夹峙着花园的散步道台地与坡道，加强了地形的变化，使花园的魅力倍增。经过勒·诺特尔改造的丢勒里宫在统一性、丰富性和序列性上，都得到很大改善，成为古典主义园林的优秀作品之一。

此后，丢勒里宫又经过几次改造，但大体上仍保留着勒·诺特尔的布局。1871年宫殿发生火灾，拆毁之后花坛就与卡鲁塞尔凯旋门广场连成一体，使得花园面积大大增加。19世纪进行的城市扩建工程，为花园增添了伸向园外的中轴线，东面延伸到卢浮宫庭院，西面伸向协和广场中央的方尖碑和星辰广场上的凯旋门，以后又进一步延伸到拉德芳斯的"大拱门"。

丢勒里宫从宫苑到城市公园，这一功能上富有现代感的变化，从18世纪起，成为欧洲公园的一种象征和模仿的对象。无论是其使用功能，还是数条平行的、有明有暗、适合不同季节的园路布局，都被看作一种样板，在欧洲留下一些模仿它的实例。

（7）索园

索园位于法国巴黎南面8千米处，原为路易十四的财政大臣高勒拜尔（Jean-Baptiste Colbert，1619—1683）的府邸花园。

索园府邸建筑最早建于1573年，后又重建，花园大约在1673年开始动工兴建。

索园的地形起伏很大，低洼处原是一片沼泽地，给勒·诺特尔的设计带来很大的困难，引水和土方工程量巨大，仅仅为在府邸前开出纵横相交的两条轴线，就挖土方1万多立方米。为了园林的水景用水，甚至将奥尔奈河的河水用渡槽和管道引来，这些设施一直保留至今（图5-21）。

索园约4平方千米，平面接近正方形，因此，勒·诺特尔设计的花园，采用了数条纵横轴线的布局方法。府邸建筑体量不大，坐东朝西，从中引出花园东西向的主轴线，地势东高西低。从东西向主轴线上圆形大水池，引出南北向的轴线将花园一分为二。这条轴线上是一条约1500米长的大运河（图5-22），宏伟壮观。大运河的中部扩大成椭圆形，从中引出另一条东西向的轴线。运河的西面处理成类似沃－勒－维贡特花园的绿荫剧场，两边以林园为

图5-21　索园府邸

图5-22　索园大运河

图5-23　索园著名的"大瀑布"

背景。轴线西端是半圆形广场，从中放射出三条林荫道。运河的南面中心有巨大的八角形水池，与大运河相连，四周环绕着林园。八角形水池与府邸之间，有一条南北向的次轴线，其中一段倚山就势修建了大型的连续跌水，即索园中著名的"大瀑布"（图5-23）。这条轴线一直伸向府邸的北面，两侧是处理精致的小林园，以整形树木构成框架，里面是草坪花坛，形成封闭而亲密的休息场所。

索园中最突出的是水景的处理手法，尤其是大运河，完全可以和凡尔赛的运河媲美。以后，高勒拜尔的侄子、赛涅莱侯爵（Le Marquis de Seignelay，1651—1690）又在运河两岸列植意大利杨，高大挺拔的树木与汹涌壮观的大瀑布，动静有致，给人留下极深的印象。

5.2.3 勒·诺特尔式园林的特征

路易十四是欧洲君主专制政体中最有权势的国王，他提出了"君权神授"之说，自称为"太阳王"。法国古典主义园林，反映的正是以君主为中心的封建等级制度，是绝对君权专制政体的象征。

勒·诺特尔是法国古典主义园林的集大成者。法国古典主义园林的构图原则和造园要素，在勒·诺特尔之前就已成型。但是，勒·诺特尔不仅把原则运用得更彻底，将要素组织得更协调，使构图更为完美；而且，在他的作品中，体现出一种庄重典雅的风格，这种风格便是路易十四时代的"伟大风格"，同时也是古典主义的灵魂，它鲜明地反映出这个辉煌时代的特征，这是意大利文艺复兴时期贵族、主教们的别墅庄园所望尘莫及的。园林成为路易十四时代最具代表性的艺术。

①园林选址。法国式园林是作为府邸的"露天客厅"来建造的，因此，需要很大的场地，并要求地形平坦或略有起伏。平坦的地形有利于在中轴两侧形成对称的效果。有时，设计者根据设计意图需要创造起伏的地形，但高差一般不大。因此，整体上有着平缓而舒展的效果。

②空间布局。在勒·诺特尔式园林的构图中，府邸总是中心，起着统率的作用。建筑前的庭院与城市中的林荫大道相衔接，其后面的花园，在规模、尺度和形式上都服从于建筑（图5-24）。其前后的花园内没有高大的树木，使在花园里处处可以看到府邸。而由建筑内向外看，则整个花园尽收眼底。从府邸到花园、林园，人工味及装饰性逐渐减弱。林园既是花园的背景，又是花园的延续。

花园的构图，也体现出专制政体中的等级制度。在贯穿全园的中轴线上加以重点装饰，形成全园的视觉中心。最美的花坛、雕像、泉池等都集中布置在中轴上。横轴和一些次要轴线，对称布置在中轴两侧。小径和甬道的布置，以均衡和适度为原则。整个园林因此编织在条理清晰、秩序严谨、主次分明的几何网格之中。各个节点上布置的装饰物，强调了几何形构图的节奏感。中央集权的政体得到合乎理性的体现。

③水景创作。勒·诺特尔有意识地应用了法国平原上常见的湖泊、河流的形式，以形成镜面似的水景效果。除了大量形形色色的喷泉外，动水较少，只在缓坡地上做出一些跌水的布置。园林中主要展示静态水景，从护城河或水壕沟，到水渠或运河，它们的重要性逐渐增强。虽然没有像意大利台地园中那样利用高差形成的水阶梯、跌水、瀑布等景观效果，却以辽阔、平静、深远的气势取胜。尤其是运河的运用，成为勒·诺特尔式园林中不可缺

图5-24 作为构图中心的府邸

图5-25 法国古典园林中壮观的大运河

少的组成部分（图5-25）。

④植物种植。法国式园林中广泛采用丰富的阔叶乔木，能明显体现出季节变化。常见的乡土树种有椴树、欧洲七叶树、山毛榉、鹅耳枥等，往往集中种植在林园中，形成茂密的丛林，这是法国平原上森林的缩影，只是边缘经过修剪，又被直线形道路所围合，从而形成整齐的外观（图5-26）。

丛林所体现的是一个众多树木枝叶的整体形象，而每棵树木都失去了个性，甚至将树木作为建筑要素来处理，布置成高墙，或构成长廊，或围合成圆形的天井，或似成排的立柱，总体上像是一座绿色的宫殿（图5-27）。

⑤刺绣花坛。由于地形平坦，布置在府邸近旁的刺绣花坛在园林中起着举足轻重的作用。意大利夏季炎热，阳光灿烂，为了适应避暑的要求，台地园中多采用以绿篱组成图案的植坛，避免色彩艳丽的花朵。而在法国气候温和的条件下，则创造出以花卉为主的大型刺绣花坛。虽然有时也用黄杨矮篱组成图案，但是底衬是彩色的砂石或碎砖，富有装饰性，犹如图案精美的地毯（图5-28）。

⑥雕塑小品。在园内道路上，将水池、喷泉、雕塑及小品装饰设在路边或交叉口，犹如项链上的粒粒珍珠，虽无自然式园林中步移景异的效果，却也有着引人入胜的作用，令人目不暇接。在凡尔赛的小林园中，这种感受尤为突出。

图5-26　造型树木

图5-27　远处的丛林

图5-28　刺绣花坛

5.3　欧洲的勒·诺特尔式园林

5.3.1　荷兰勒·诺特尔式园林

（1）荷兰勒·诺特尔式园林实例

　　赫特·洛宫花园始建于1684年，是后来英国国王威廉三世（William III，1650—1702）的地产。1690年，花园增建了第二部分，即上层花园，并在园中增添了一些设施，如用于收集外来植物的温室以及茶屋和浴室等。但不久之后，该园便处于一种荒芜状态。1970年，赫特·洛宫成为国立博物馆之后，根据过去留下来的版画及游记等，将宫殿和花园加以重建。1984年夏季，庄园整体对公众开放（图5-29）。

最初的宫殿与花园设计完全反映了17世纪的美学思想，对称与均衡的原则统率全园。中轴线从前庭起，穿过宫殿和花园，一直延伸到上层花园顶端的柱廊之外，再经过几千米长的榆树林荫道，最终延伸到树林中的方尖碑。壮观的中轴线将全园分为东西两部分，中轴两侧对称布置，甚至细部处理都彼此呼应。

宫殿的镀金铸铁大门以外即为花园。园中是对称布置的8块方形花坛（图5-30、图5-31），其中4块纹样精致，格外引人注目。与大门平行的横轴东侧，是"王后花园"的起点。王后花园布置了网格形的绿荫拱架，具有私密性花园的特征，可惜后来只恢复了一部分。在"国王花园"中，对称布置了一对刺绣花坛和沿墙的行列式果树，花坛采用了皇家居室的色彩，以红、蓝色花卉构成。

在上层花园中，主园路伴随着两侧方块形树丛植坛伸向豪华壮丽的"国王泉池"。中央巨大的水柱，高达13米，四周环以小喷泉，从内径32米的八角形水池中喷射出来，形成花园的主景。

上层花园中的喷泉用水是从几千米外的高地上以陶土输水管输送的，下层花园中的用水则来自林园中的池塘。上、下层花园均围以挡土墙及柱廊。围墙之外的林园中设置了一些娱乐场所，除了一座丛林中有五角形园路系统、一处鸟笼和迷园之外，人们还可以看到一种十

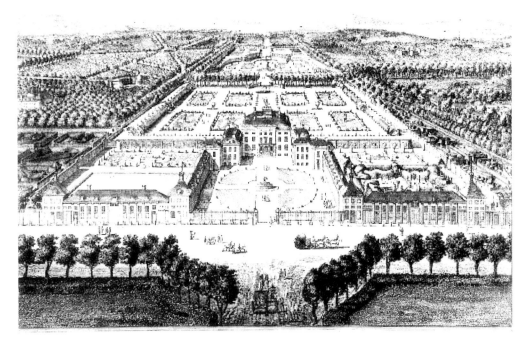

图5-29 赫特·洛宫花园全景图

图5-30 方形刺绣花坛

图5-31 方形花坛中纹样相对精致的4块花坛

分独特的理水技巧：以几条小水渠组成国王与王后姓氏的字母图案，里面隐含着细水管，将水出其不意地喷洒在游人身上。

（2）荷兰勒·诺特尔式园林的特征

①荷兰勒·诺特尔式园林规模较小，地形平缓，少有以深远的中轴线取胜的作品。由于园林的规模不大，因此园林的空间布局往往十分紧凑，显得小巧而精致，十分迷人。园中点缀的雕像或雕刻作品数量较少，而且体量也比法国的有所缩小。

②法国式的刺绣花坛，很容易就被荷兰人所接受。但荷兰人对花卉的酷爱，使他们放弃了华丽的刺绣花坛，而采用种满鲜花的、图案简单的方格形花坛。再加上园路也常常铺设彩色砂石，因此荷兰勒·诺特尔式园林色彩艳丽，效果独特。

③水渠的运用也是荷兰勒·诺特尔式园林的特色之一。由于荷兰水网稠密，水量充沛，造园师往往喜欢用细长的水渠来分隔或组织庭园空间。荷兰园林中的水渠虽然不那么壮观，但同样有着镜面般的效果，将蓝天白云映入其中。

④造型植物的运用在荷兰也十分盛行，并且形状更加复杂，造型更加丰富，修剪得也很精致。园内的植物材料多以荷兰的乡土植物为主。

5.3.2　德国勒·诺特尔式园林

（1）德国勒·诺特尔式园林实例

①海伦豪森宫苑

海伦豪森宫苑距汉诺威1.5千米，与勒·诺特尔设计的榆林大道——海伦豪森林荫道相连。1680年起，约翰·腓特烈公爵以及公爵夫人索菲逐渐将花园加以扩建，作为汉诺威宫廷的夏宫（图5-32）。

1686年，在花园中建造了一座温室。1689年，又建了一座露天剧场，舞台纵深达50米，装饰着十金榆树篱和镀金铅铸塑像，成为花园中最吸引人的部分。阶梯式的观众席后面有绿荫凉架。这座巴洛克风格的剧场是唯一的现在还上演节目的花园剧场。

1699年，花园的南部完全重建，由四个方块组成，其中以园路再分隔成三角形植坛，中间种有果树，外围是整形的山毛榉，称为"新花园"。东、西两边各有半圆形广场濒临水壕沟。在南面还有一个更大的圆形广场，称之为"满月"，与两个半圆形广场相呼应。"新花园"的中心还有一大型水池，喷水高达80米，成为欧洲之最。

1714年，索菲去世后，改建及新建工程的进展放缓。1720年兴建了一处柑橘园。1727年，又建了一座可容纳600盆柑橘的廊架。

19世纪时，园中还在逐步增置一些设施。第二次世界大战中，海伦豪森宫苑遭到极大破坏，宫殿被炸成废墟，从而使花园失去了中轴线的参照点。后经重新修复，人们今天才得以看到这座欧洲保存得最完善的巴洛克式花园（图5-33）。

②苏维兹因根庄园

苏维兹因根城堡花园的历史可以上溯到中世纪。18世纪，亲王泰奥多尔（Karl Theodor，1724—1799）将这座富于文化性和艺术性的中世纪庄园加以改建，采用了新的布局方式，使其成为欧洲最美的花园之一（图5-34）。

虽然城堡的宏大工程最终未能实施，然而花园（图5-35）却成为欧洲园林的样板之一。1741年，泰奥多尔完全按照法国式园林的风格，建造了花园的

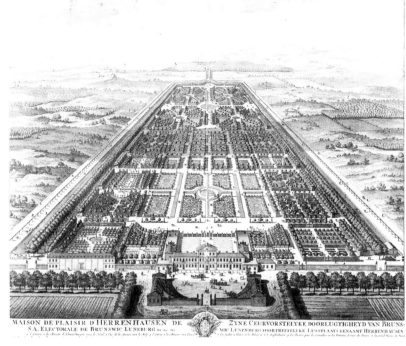

MAISON DE PLAISIR D HERRENHAUSEN DE S.A. ELECTORALE DE BRUNSWIC LUNEBURG

ZYNE CEURVORSTELYKE DOORLUGTIGHEYD VAN BRUNS-WIC LUNENBURG VOORTREFFELYKE LUSTPLAATS GENAAMT HERRENHAUSEN

图5-32　海伦豪森宫苑全景图

图5-33　图案精致的刺绣花坛

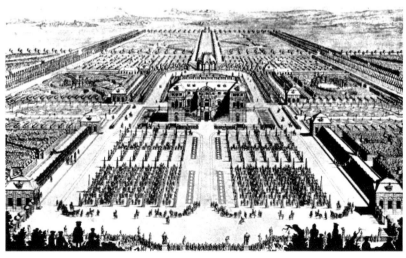

图5-34　1719年的苏维兹因根庄园全景图

图5-35 优美的小花园

核心部分。为了更好地利用这个几何形的空间，最好的布置便是以城堡作为中心建筑。城堡以粗糙的块石砌成，采用哥特式拱券结构，形成防御性城堡的外观。在中轴线上直接布置自然式的造园要素，形成和谐的构图。

喷泉和小型喷水在草地上延伸，直至下沉的台地。中央园路两边夹以荷兰椴树。在两条三甬道式林荫路的交点上布置着法国人居巴尔塑造的"阿里翁喷泉"，喷泉处于巨大的圆形空间的中心，周围是花坛。花坛边缘靠近城堡处建有平面为弧形的建筑物，起到限定空间的作用。花坛北面有建于1749—1750年的柑橘园，南面供举行聚会用，西面建造了两座拱形棚架，围合着圆形园地。建筑之间的空地构成两条园路的起点。在欧洲，还没有一个巴洛克式花园曾经有过这样完整的圆形构图，它构成了苏维兹因根城堡花园的中心，也构成庄园的特色。

1777年，风景造园师斯克尔（Fri-edrich Ludwig von Sckell，1750—1823）在花园北面和西面地形起伏处建造了英国式风景园。然而，原来的几何形花园部分也保留下来了。在风景园中，有弯曲的园路和树丛环绕的水体。在"大湖"的岸边，布置着代表莱茵河和达吕伯河的河神雕像，它们是凡尔夏菲尔特的作品。还有一条运河直达湖中，河上有座中国式小桥（图5-36），形成花园中富有异国情调的景点。

（2）德国勒·诺特尔式园林的特征

①德国勒·诺特尔式园林中最突出的还是水景的运用。在园林中，我们可以看到法国式的喷泉、意大利式的水台阶以及荷兰式的水渠，而且处理得非常恢宏、壮观。

②绿荫剧场也是德国园林中常见的要素，比意大利园林中的剧场更大，又比法国园林中的绿荫剧场布局紧凑，而且结合雕像的布置，具有很强的装饰性，同时兼有实用功能。有的绿荫剧场中的雕像从近到远逐渐缩小，在小空间中创造出深远的透视效果，是巴洛克风格强调透视原理的典型实例。

德国勒·诺特尔式园林或由于建造周期很长，或前后经过多次改造，有着多种时期、多种风格并存的特点。建筑物或花园周围设有宽大的水壕沟，保留了更多的中世纪园林的痕迹。透视原理的运用，巴洛克及洛可可式的雕像和建筑小品，结合古典主义园林的总体布局，使德国园林的风格不那么纯净，却富于变化。

图5-36 园中的中国桥，富有异国风情

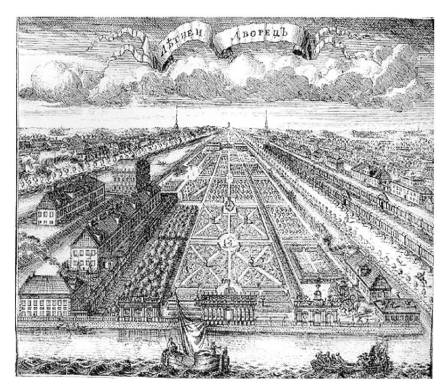

图5-37 彼得堡夏花园全景图

5.3.3 俄罗斯勒·诺特尔式园林

（1）俄罗斯勒·诺特尔式园林实例

①彼得堡夏花园

1704年，在彼得大帝亲自领导下，在彼得堡市内涅瓦河畔开始建造他的夏花园（图5-37）。最初的布局比较简单，后来逐渐充实。该园受凡尔赛迷园丛林的启发，在最大的一块园地里建有以伊索寓言为主题的迷园，路边的绿墙上有32座壁龛，壁龛内设小喷泉。

园中有一个三层相通的洞窟，周围广场的栏杆上饰有大理石的希腊神像，洞中有海神喷泉，水中设有专门的装置，使喷水时发出悦耳的音乐声，这无疑源于意大利水剧场的构造。

彼得大帝还请来意大利雕塑家为夏花园做雕塑作品，请法国的建筑师为花园作规划方案。夏花园的局部设施、布局特点都深深烙有意、法两国园林的印记。许多俄罗斯的建筑师、园艺师也参加了该园的建造。在经历了1877年的暴风雨袭击之后，花园受到严重毁坏，现在保留下来的，多为灾后重新修复的。

虽然与后来建造的彼得宫相比，夏花园似乎还缺少皇家园林的宏伟气魄，但作为别墅花园，倒也显得亲切宜人。更重要的是，强调装饰性、娱乐性和艺术性已成为夏花园的主要宗旨，以往那种追求实用功能的倾向已渐渐消失，这也正是俄罗斯园林发展中的一个巨大转变。

②彼得宫

彼得宫始建于1709年，占地8平方千米，包括宫苑和阿列克桑德利亚园两部分。宫苑由"上花园"及"下花园"组成。位于上、下花园之间的宫殿，高高耸立在面海的山坡上。由宫殿往北，地形急剧下降，直至海边，高差达40米，这一得天独厚的自然地理环境，使彼得宫具有了非凡的气势（图5-38）。

由彼得堡来此，首先进入作为宫殿前景的"上花园"。这里布局严谨，构图完美，园的中轴线与宫殿中心一致，中轴线穿过宫殿，又与"下花园"的中轴相连，一直延伸到海边。

宫殿以北的台地下面是一组雕塑、喷泉、台阶、跌水、瀑布构成的综合体（图5-39）。大水池两侧对称布置着草坪及模纹花坛，池中有喷泉。草坪

图5-38 彼得宫前广场壮丽的喷泉

图5-39 雕塑、喷泉、台阶、跌水、瀑布构成的花园中心

北侧有围合的两座柱廊，柱廊与宫殿、水池、喷泉、雕塑共同组成了一个完美的空间。水池北的中轴线上为宽阔的运河，两侧为绿毯般的草地，草地上有一排圆形小水池，池中喷出一缕清泉，它们与宫前喷泉群的宏伟场面形成对比，显得十分宁静；草地旁为道路，路的外侧是大片丛林。这一轴线——运河、草地、道路及两旁丛林的处理，与凡尔赛中的大运河、国王林荫道及小园林有着惊人的相似之处。

在中轴线两侧的小丛林中，也有许多丰富的小空间，不同的是，这里的道路以宫殿、玛尔尼馆、蒙普列吉尔馆三者为基点，各向外放射出三条道路，在交叉点上布置引人入胜的景点，显得更为错综复杂，令人目不暇接。

彼得宫的建造时代正处于欧洲盛行勒·诺特尔式园林之际，追求自己的凡尔赛正是彼得大帝的愿望，这在彼得宫得到了充分的体现。首先，在选址方面俄国人显得青出于蓝而胜于蓝；另外，就宫殿的位置而论，建筑位于上、下花园之间，处于园林的包围之中，从景观效果来看，似乎更胜一筹。在解决大量喷泉的用水问题上，可能也吸取了凡尔赛的教训，彼得宫的喷泉至今仍能不停地运行，这也是俄国人引以为豪的一点。

（2）俄罗斯勒·诺特尔式园林的特征

①俄罗斯勒·诺特尔式园林的特征主要体现在其造园要素的精心处理上。如建造在山坡上的彼得宫，虽然是仿凡尔赛宫苑建造的，但是，从选址和地形处理上，都显得更胜一筹。利用山坡建造的水台阶和水渠，在金碧辉煌的雕塑和制作精湛的喷泉的衬托下，更加引人注目。而且，俄罗斯园林在选址时，借鉴意大利台地园的经验和凡尔赛的教训，注重园址上有充沛的水源，保证了园林水景的用水。

②俄罗斯园林中既有法国园林那样宏伟壮观的效果，又有意大利园林中常见的那种处理水景和高差较大的地形的巧妙手法，使得这些园林常具有深远的透视线，而且形成开阔的空间效果。

③由于俄罗斯寒冷的气候，园中难以种植黄杨，而黄杨却是法国、意大利园林中组成植坛图案的主要材料。后来，俄罗斯人试用桧柏代替黄杨，取得了成功，还以乡土树种栎、复叶槭、榆、白桦形成林荫道，以云杉、落叶松形成丛林。金碧辉煌的宫殿建筑和以乡土树种为主的植物种植，都使俄罗斯园林带有强烈的地方色彩和典型的俄罗斯传统风格。

5.3.4　奥地利勒·诺特尔式园林

（1）奥地利勒·诺特尔式园林实例

望景楼花园是奥地利典型的勒·诺特尔式园林。

尤金公爵（Prinz Von Savogen Eugen，1663—1736）在征服了土耳其之后，于1693年购下维也纳一处葡萄园，经重新整治之后，建造了自己的夏宫。

夏宫的建造工程由建筑师希尔德布朗德（Lukas von Hildebrandt，1668—1745）和反对巴洛克风格的设计师埃尔拉克担任。工程最初进展缓慢，花园的第一部分直到1706年才完成，十年之后，工程进度加快，仅仅两年半就将宫殿建成了。1717年，尤金公爵认为建成的花园要加以改造，因此请来勒·诺特尔的弟子吉拉尔，希望他能为花园在艺术上增辉。现在的花园基本上保留原状，只是增加了一些装饰喷泉和塑像、雕刻作品。

庄园用地比较狭窄，主花园的上、下两端各有一座与花园等宽的望景楼

图5-40　奥地利望景楼花园

（图5-40）。花园周边是绿篱和抬高了的环路。从上层的望景楼看去，花园的构图规整均衡；从下层的望景楼向上看，景观依高度逐渐变化，而非一览无余；从宫中亲王的起居室中望出去，视线正好落在花园的中部，因而中层的景观画面成为视觉中心。

主花园分成三部分，彼此之间由瀑布和坡道相联系。底层台地上有四块千金榆树丛围着草坪植坛，形成私密的空间。侧面宽大的坡道通向第二台层花园，坡道之间，有稍稍下沉的草坪植坛，还有两座椭圆形水池及表现大力神赫尔库尔和阿波罗生活场景的几组塑像。

在主花园的下层还有一座小花园，这里以前是柑橘园，周边有装饰性围墙。冬季以玻璃幕墙和活动屋顶将柑橘园罩上，成为温室，里面以锅炉取暖，亲王收集的外来植物布置在温室中。温室与装饰性的小花园相接，地形略高，环绕着常春藤蔓架、葡萄架和玫瑰花架，角隅处有鸟笼和周边饰以刺篱的斜坡式草坪。

在下层望景楼南侧，有一梯形庭院，里面精心布置着菜园和排列整齐的扇形笼舍，豢养着外来珍稀动物。

（2）奥地利勒·诺特尔式园林的特征

①奥地利自然地形变化较大，在一个相对狭小而又富于地形变化的园址上建造法国勒·诺特尔式园林，首先要解决的问题，就是开辟尽可能平缓而开阔的平台；其次是在高处建观景台，以便借景园外，扩大园林的空间。

②奥地利园林中的树篱也很有特色，起着组织空间的作用。树篱不仅整齐美观，而且修剪出壁龛的形式，并结合雕像布置，以深绿色的树叶作为白色大理石雕像的背景，非常醒目。制作精美的雕像和喷泉也是奥地利园林所不可缺少的。

5.3.5　英国勒·诺特尔式园林

（1）英国勒·诺特尔式园林实例

汉普顿宫苑是英国至今保存完整的大型皇家宫苑。

1649年的清教徒革命使英国政权落入克伦威尔（Oliver Cromwell，1599—1658）及其儿子之手长达11年，这使英国大量的宫苑遭到毁坏。因为

图5-41 汉普顿宫苑

克伦威尔将汉普顿作为其宫殿，才使得这座大型皇家园林免遭破坏。

查理二世（Charles II，1630—1685）复辟之后，汉普顿宫苑又归其所有。由于查理二世登位前曾在荷兰居住，受荷兰人的影响，他对花卉极其的热爱。同时，他对宏伟壮丽的法国式园林也极为欣赏，并依此来改建汉普顿宫苑（图5-41）。查理二世在园中开挖了一条长达1200多米的运河，建造了三条放射状的林荫道。可能后来兴建的半圆形大花坛当时也有初步设想，但是，直到威廉三世时代，汉普顿宫苑才得以进一步发展。1690年，著名建筑师瓦伦（Sir Christophe Wren，1632—1702）将宫殿建筑加以扩大，并采用了帕拉第奥建筑样式。花园部分的扩建由乔治·伦敦和亨利·怀斯完成，完全遵循了勒·诺特尔的设计思想。宫苑的主轴线正对着林荫道和大运河，宫前是半圆形围合空间中的刺绣花坛，占地近0.04平方千米，装饰有13座喷泉和雕塑，边缘是椴树林荫道。从博莱斯的版画中，可以看到17世纪末汉普顿宫苑的盛况，从中也可以看出它是以凡尔赛宫苑为蓝本设计的。但是，由于气候的原因，人们很少在园林中寻求树荫。因此，汉普顿宫苑中也缺少凡尔赛宫苑中的林园，但是有许多小花园（图5-42）。威廉三世后来将宫殿北面的果园改成了意大利式的丛林。

汉普顿宫苑大体上完整地保存下来了，作为一座大型的皇家宫苑，它显得精美壮观。然而，无论在宏伟的气势上，还是在装饰的丰富性上，都难以与凡尔赛宫苑匹敌。

（2）英国勒·诺特尔式园林的特征

①英国规则式花园中除了水池、喷泉等以外，常用回廊联系各建筑物，也喜用凉亭，可能是多雨气候条件下的产物。亭常设在直线道路的终点，或设在台层上便于远眺。

②柑橘园、迷园都是园中常有的部分。迷园中央或建亭，或设置造型奇特的树木作标志。此外，在大型宅邸花园中，还常常设置球戏场和射箭场。

③日晷是英国园林中常见的小品，尤其在气候寒冷的地区，有时以日晷代替喷泉。初期的日晷比较强调实用性，后来渐渐注重其设计思想、造型及技巧了。

图5-42 汉普顿宫苑中怡人的小花园

有的日晷与雕塑结合，有的日晷具有一定的纪念意义。随着历史的变迁，园林往往变得面目全非，而日晷却常能保存下来，成为某一时代园林的标志。在英国风景园兴起时，大量旧园被改造，日晷却被组织到新的园景中并保存下来。

④植物造型一直是英国园林中的主要元素。由于紫杉生长慢、寿命长，一经整形后，可维持很长时间，所以如今保留下来的多以紫杉为主。此外，也有用水蜡、黄杨、迷迭香等做造型植物的。植物雕刻的造型多种多样，功能上则可作为绿篱、绿墙、拱门、壁龛、门柱等，或作为雕塑的背景、露天剧场的舞台侧幕等，也有的修剪成各种形象的绿色雕塑物，起着装饰庭园的作用。植物的整形修剪是以后风景园支持者们反对的主要对象，其中大部分在风景园兴起的热潮中消失了。

⑤英国规则式花园的园路上常覆盖着爬满藤本植物的拱廊，称为"覆被的步道"（Covered Walk），或以一排排编织成篱垣状的树木种在路旁。

5.3.6 西班牙勒·诺特尔式园林

（1）西班牙勒·诺特尔式园林实例

拉·格兰贾宫苑建造在马德里西北部的一座村镇上，离塞哥维亚10千米，面积约1.46平方千米。它是为菲力五世（Philip Ⅴ，1683—1746）建造的，也是西班牙最典型的勒·诺特尔式园林。

园址景色十分优美，是历代国王建造宫殿的理想之地。在菲力五世的督促下，从1720年开始建造这座大型宫苑。国王要求以凡尔赛为蓝本进行设计，工程历时二十多年始成。由于拉·格兰贾宫苑是建造在海拔1200多米处的山地园，很难开辟出法国式园林所特有的平坦而开阔的台地，因此也缺少其广袤深远的效果（图5-43）。

园址地形东南及西南高并向东北急剧下降。园林主要部分构图简洁，在大理石阶梯式瀑布上面有一座美丽的"双贝壳喷泉"，瀑布下方有半圆形水池将两处花坛拦腰截断。此外，园中还有"尼普顿喷泉"和以希腊神话中的埃塞俄比亚公主安德洛姆达命名的喷泉，装饰喷泉的各种群雕都十分精美。水从"狄安娜泉池"中流出来，在山坡上形成喷泉和小瀑布，再流入半圆形水池中。园中水景的处理手法反映了西班牙园林的传统特征。但各水景之间缺乏相互联系，整体景观也缺乏应有的节奏感，法国式园林中统一均衡的原则并未得到充分体现。

在拉·格兰贾宫苑的建造中，设计者忽视了因地制宜的造园原则，在一个原本不适宜的地方建造了一座法国式园林。而且，在这个高海拔地区，冬季漫长而寒冷，有时积雪厚达1米。因此，这个由大量雕塑、花卉和水景装饰起来的园林造价很高，管理也十分困难。尽管有充足的水源，但是大量的喷泉和水池景观需数百米长的输水管线。冬季来临前必须将水池中的水排尽并在池中堆满树枝，以免积雪在池中形成巨大的冰块而对水池造成破坏。

拉·格兰贾宫苑在设计上似乎将园址看作一块平地而忽视了地形的巨大起伏。如边长200米的星形丛林中心圆形广场半径达到40多米，饰有八座喷泉，由于处在斜坡上而显得缺乏稳定感。受地形的限制，园中的丛林距离宫殿窗户最近的不超过20米，而且宫殿建在低处，因而宫中的视线十分闭塞。园中一系列与宫殿建筑平行的台地以及从建筑物中引出的三条轴线，使园林难以获得很好的整体效果。

该园有充沛的水源，水景非常丰富，尤其是喷泉的处理，喷水时的景致比凡尔赛的喷泉更加美妙，更富有变化和动感（图5-44）。

（2）西班牙勒·诺特尔式园林的特征

①西班牙独特的气候条件和地理特征本来并不适于建造法国勒·诺特尔式园林，虽然，从平面构图上来看，西班牙园林与法国勒·诺特尔式园林十分相似，但是从立面上看，空间效果就大相径庭了。似乎造园师在设计园林时，忽视了地形等高线的存在。

②园址中起伏的地形变化和充沛的水源，加上西班牙传统的处理水景的高超技巧和细腻手法，使得园中的水景多种多样，空间也极富变化。大量的喷泉、瀑布、跌水和水台阶给园中带来了凉爽和活力，可以看作西班牙园林的特色和魅力之一。

③在西班牙炎热的气候条件下，花园中有时也种植乔木，这也是意大利和法国园林中所罕见的。园中的花坛时常处在大树的阴影之中，加上周围的水体带来的湿润，形成了非常宜人的环境空间。

④在铺装材料上，西班牙勒·诺特尔式园林中仍然采用大量的彩色马赛克贴面，为园林增色许多，同时也形成浓郁的地方特色和西班牙园林的识别性特征。西班牙人继承了摩尔人的传统，在造园中更多地融入了人的情感，使得园林在局部空间和细部处理上，显得更加细腻、耐看。

图5-43　拉·格兰贾宫苑　　　　　　　　　图5-44　拉·格兰贾宫苑中的水景

5.4　法国古典主义造园技术思想的当代借鉴

就美学特征而言，法国古典园林的景观形态所体现的基本上是一种建筑美，而中国古典园林的景观形态所体现的基本上是一种绘画美。前者主要诉诸简明、规则的几何图案，而后者更倾向于丰富多彩的不规则线条。这个最基本的不同点的形成，是受两国人不同的自然观影响的。因此，看待人与自然关系的不同方式，导致了中法两国园林从艺术构思、造园手法、风格特征的完全不同。人们常将法国式园林比喻为"绿色建筑"，把中国式园林称作"天然图画"，这实在是对两种景观形态的确切概括。而从文化背景上来分析，"天然图画"与道家思想有较多渊源，"绿色建筑"的思想营养则多来自古希腊哲学。

（1）地理环境的平坦与起伏

中法两国古典园林在地貌上的区别最大，法国古典园林地表平坦开阔，中国园林地表起伏崎岖。中国地形西高东低，西北为山，东南为海，山地、高原和丘陵占全国土地总面积的三分之二，另外境内众多的河流湖泊与高山丘陵一起构成了中国古典园林以山水为主体骨架的园林格局；法国古典园林极少依山而建，一般皆为平地园，这与法国以平原为主的地形条件有关。

（2）美学观的唯理与重情

法国以控制自然、征服自然为手段来实现自然美，中国以师法自然、因任自然为途径来实现自然美。从西方哲学发展的历史看，是把美学建立在"唯理"的基础上。法国的理性的标准有别于其他国家的理性，这种理性最突出、最鲜明的标志就是它的明晰性和抽象性，我们也可以把这种法兰西文化特征称为几何精神。在中国哲学与美学思想中，"得意忘象，求之象外"都是重要的方面，"得意忘象"在中国园林中就表现为欣赏者对"意境"的追求。

（3）造园理论的建筑理论与绘画理论

中国造园家和园论属于自传体系，以画论当园论指导造园。法国造园家和园论属外传体系，以建筑理论指导造园。

（4）植物的色彩与造型

法国园林的理论基础来自建筑学，树木的规则式种植、几何形修剪，正是为了构成"绿色建筑"的规则造型。单一植物品种丛植能使整个群落在形状、色彩、季相变化、生长速度等方面保持一致，从而保证"绿色建筑"的稳定性。平坦的草坪不仅有利于烘托各"绿色建筑"群的鲜明轮廓，其本身也是"绿色广场"。在理论上，法国造园家们强调树木胜过强调花卉。中国园林植物配置的技巧、章法来源于画论，绘画更重色彩。优先考虑花，首先为取其色彩，当然芬芳、姿态、季相变化明显也是重要因素。中国园林没有保证"绿色建筑"稳定性之类的技术需要，花木配置采取自然式种植。

（5）水体的平静与灵动

法国古典主义园林中，都以静态的水为主，这是由于法国式园林的面积巨大，地形平缓。中国古典园林的水体则连续分布，相互贯通，追求的是"虽由人作，宛自天开"，哪怕再小的水面亦必曲折有致，并利用山石点缀岸、矶，稍大点的水面，则必堆山筑岛、堤，架设桥梁，在有限的空间内尽量仿写天然水景的全貌。

（6）山石的雕塑与假山

雕塑作为建筑艺术的附属品，一直在法国园林中占有非常重要的地位。它不仅用于装饰花园中的住宅，还常与喷泉组合或是独立地布置在花园中，形成局部景点的构图中心。山法在中国有掇山、堆山、叠山、积山等叫法，不管其构成如何，统一称为假山。假山对于中国园林就像雕塑于法国园林一样重要。

（7）建筑的石砌与木构

东西方古代建筑的最大区分在于石砌和木构。西方建筑以石结构为主流，而中国建筑以木结构为主流，且历来有"土木工程"之称。

总之，法国古典园林艺术所展现出来的迷人魅力是整个民族和时代的记忆，是历史的长河中浓墨重彩的一笔，也是未来景观中不可割舍的部分。在法国现代园林的建设中，很多设计师很好地完成了对古典园林造园手法与素材的传承，而不是被古典园林的设计框架所束缚，在新的时代背景和时代要求下，古典园林要素在现代公园中焕发了新的生命力。例如，建成于1993年，占地0.015平方千米的狄德罗公园即是。此园在空间结构的延续与拓展以及丰富的视觉画面兼具功能丰富的空间体验等方面均做到了传承与发展。反观当今中国，随处可见模仿传统园林的亭台楼阁，空有形式却难有神韵。狄德罗公园给了我们很多启示，传统园林要素经过简化、提炼得以再现，并与现代生活需求相结合，这才是符合现代审美与需求的产物。对于古典园林的解读、传承、创新之路任重道远，如何创造承接历史与未来的景观值得我们继续探索。

【拓展训练】

1.思考讨论法国古典主义艺术及其对当今法国艺术的影响。

2.回顾意大利园林，总结其对法国古典主义园林的影响，找出两者的异同点。

3.抄绘沃–勒–维贡特府邸花园、凡尔赛宫苑总平面图。

4.比较意大利台地园与法国古典主义园林的异同。

5.比较各国勒·诺特尔式园林的异同点，思考地理气候环境对景观的影响。

6 英国自然风景式园林（18世纪）

【课前热身】

查看BBC纪录片：《英国"四季花园"》《邱园——改变世界的花园》。

【互动环节】

讨论中国古典园林与英国自然风景园林的差异。

针对上一课的提问进行答疑。

6.1 背景介绍

6.1.1 自然条件

（1）地理区位

英国全称大不列颠及北爱尔兰联合王国，位于欧洲西部，由大西洋中的不列颠群岛组成，包括英格兰、苏格兰、威尔士以及北爱尔兰和附近许多小岛，又称英伦三岛。隔北海、多佛尔海峡、英吉利海峡与欧洲大陆相望，陆界与爱尔兰接壤。

（2）气候条件

英国纬度较高，属海洋性温带阔叶林气候，为植物生长提供了良好条件。全年气候温和，多雨多雾。

（3）自然资源

英国东南部为平原，土地肥沃适于耕种；北部和西部多山地和丘陵；北爱尔兰大部分为高地。全境河流密布，泰晤士河是最重要的河流。塞文河为大不列颠岛上最长的河流。全境湖泊众多，以北爱尔兰的内伊湖为最大，是世界海岸线最曲折、最长的国家之一。

15世纪以前，英国是一个森林资源丰富、木材足以自给的国家。18世纪中叶产业革命以后，由于滥砍滥伐，毁林放牧等使森林资源几乎丧失殆尽。第一、二次世界大战后，英国通过立法，人工造林，制订了恢复森林资源的长远规划，才逐渐使森林覆盖率恢复到8%的水平，耕地面积占国土面积的四分之一。从16世纪的圈地运动发展起来的畜牧业在农业中的重要性超过了种植业，永久性牧场约占耕地面积的45%。以牧场为主的国土自然景观地形起伏、河流密布、森林稀少，在很大程度上影响到英国园林的景观特色。

6.1.2 历史背景

英国从公元449年的盎格鲁-撒克逊时期至温莎王朝建立，经历了近一个半世纪，其间经历了十个王朝的更迭（表6-1），园林的建设随着时代的变迁而发展变化。

表6-1　英国历代王朝更替时间表

时　　间	朝　　代
449—1066	盎格鲁-撒克逊时期与丹麦统治时期
1066—1154	诺曼底王朝
1154—1399	金雀花王朝
1399—1485	兰开斯特王朝和约克王朝
1485—1558	都铎王朝
1603—1714	斯图亚特王朝
1714—1936	汉诺威王朝
1837—1901	维多利亚王朝
1901—1914	爱德华王朝
1917年至今	温莎王朝

英国自然风景园的产生与形成，同当时英国的文学、艺术等领域中出现的各种思潮以及美学观点的转变有着密切的关系。在当时的诗人、画家、美学家中兴起了尊重自然的信念，他们将规则式花园看作对自然的歪曲，而将风景园看作是一种自然感情的流露，这为风景园的产生奠定了理论基础。

虽然当时英国人有不少热衷于追求中国园林的风格，却只能取其一些局部而已。中国园林与英国自然风景园的区别：中国园林源于自然而高于自然，是对自然的高度概括，体现出诗情画意；英国风景园为模仿自然、再现自然，反对者则认为风景园与郊野风光无异。

6.2　英国自然风景式园林代表人物

（1）布里奇曼（Charles Bridgeman）

布里奇曼是伦敦和怀斯的继任者，也是一位革新者，曾参与了著名的斯陀园的设计和建造。在斯陀园的建造中，他虽未完全摆脱规则式园林的布局，但是，已从对称原则的束缚中解脱出来。他首次在园林中应用了非行列式的、不对称的树木种植方式，并且放弃了长期流行的植物雕刻。他是规则式与自然式过渡状态的代表，其作品被称为"不规则式园林"。

布里奇曼在造园中还首创了称为"哈哈"的隐垣，即在园边不筑墙而挖一条宽沟，既可以起到区别园内外、限定园林范围的作用，又可防止园外的牲畜进入园内。而在视线上，园内与外界却无隔离之感，极目所至，远处的田野、丘陵、草地、羊群，均可成为园内的借景，从而扩大了园林的空间感。

（2）威廉·肯特（William Kent）

威廉·肯特是真正摆脱了规则式园林的第一位造园家，也是卓越的建筑师、室内设计师和画家。肯特也参加了斯陀园的设计工作，他十分赞赏布里奇曼在园中创造的隐垣，并且进一步将直线形的隐垣改成曲线，将沟旁的行列式种植改造成群落状，这样一来，就更加使得园与周围的自然地形融为一体了；同时，他又将园中的八角形水池改成自然式的轮廓。这种革新在当时受到极高的评价（图6-1）。

肯特初期的作品还未完全脱离布里奇曼的手法，不久就完全抛弃一切规则式的规划，创造出一条新路，成为真正的自然风景园的创始人。他在园中摒弃绿篱、笔直的园路、行道树、喷泉等，而善于营造树冠潇洒的孤植树和树丛。他还善于以十分细腻的手法处理地形，经他设计的山坡和谷地，高低错落有

图6-1　威廉·肯特

图6-2　朗斯洛特·布朗

图6-3　胡弗莱·雷普顿

致，令人难以觉察出人工雕琢的痕迹。他认为风景园的协调、优美，是规则式园林所无法体现的。对肯特来说，新的造园准则即完全模仿自然、再现自然，而"自然是厌恶直线的"，这就是肯特造园思想的核心，据说，为了追求自然，他甚至在肯辛顿园中栽了一株枯树。

肯特的思想对当时风景园的兴起，以及对后来风景园林师的创作方法都有极为深刻的影响。他也为后人留下了不少园林及建筑作品，海德公园的纪念塔、邱园的邱宫都是肯特设计的。

（3）朗斯洛特·布朗（Lancelot Brown）

朗斯洛特·布朗是肯特的学生，也是继肯特之后英国园林界的权威。布朗曾随肯特一起在斯陀园从事设计工作，1741年被任命为总园林师，他是斯陀园的最后完成者。布朗还曾担任格拉夫顿第三代公爵的总园林师，由于他建造的水池具有与众不同的效果，受到公爵的欣赏，加上斯陀园的主人布科汉姆子爵的推荐，遂担任了汉普顿宫的宫廷造园师。他当年栽种的一株葡萄树仍保留至今。布朗对任何立地条件下建造风景园都表现得十分有把握，并常有一句口头语，"It had great capabilities"，即"大有可为"之意，人们因而称他为"万能的布朗"（图6-2）。

布朗擅长处理风景园中的水景，他的成名作就是为格拉夫顿公爵设计的自然式水池。之后，他又在马尔勒波鲁公爵的布仑海姆宫苑改建中大显身手。此园原是亨利·怀斯18世纪初建造的勒·诺特尔式花园，后来由布朗改建成自然风景园，成为他最有影响的作品之一，也是他改造规则式花园的标准手法。他去掉围墙，拆去规则式台层，恢复自然的缓坡草层；将规则式水池、水渠恢复成自然式湖岸，水渠上的堤坝则建成自然式的瀑布，岸边为曲线流畅、平缓的蛇形园路；植物方面则按自然式种植树林、草地、孤植树和树丛；他也采用隐垣的手法，而且比布里奇曼和肯特更加得心应手。

布朗设计的园林尽量避免人工雕琢的痕迹，以自然流畅的湖岸线、平静的水面、缓坡草地、起伏地形上散置的树木取胜。他排除直线条、几何形、中轴对称及等距离的植物种植形式。他的追随者们将其设计誉为另一种类型的"诗、画或乐曲"。

（4）胡弗莱·雷普顿（Humphry Repton）

雷普顿是继布朗之后18世纪后期英国最著名的风景园林师。他从小广泛接触文学、音乐、绘画等，有良好的文学艺术修养。他也是一位业余水彩画家，在他的风景画中很注意树木、水体和建筑之间的关系。1788年后，雷普顿开始从事造园工作（图6-3）。

雷普顿对布朗留下的设计图及文字说明进行深入的分析、研究，取其所长，避其所短。他认为自然式园林中应尽量避免直线，但也反对无目的的、任意弯曲的线条；他也不像布朗那样，排斥一切直线，主张在建筑附近保留平台、栏杆、台阶、规则式花坛及草坪，以及通向建筑的直线式林荫路，使建筑与周围的自然式园林之间有一个和谐的过渡，越远离建筑，越与自然相融合。在种植方面，采用散点式，更接近于自然生长中的状态，并强调树丛应由不同树龄的树木组成，不同树种组成的树丛，应符合不同生态习性的要求。他还强调园林应与绘画一样注重光影效果。

由于雷普顿本人是画家，他十分理解并善于找出绘画与造园中的共性。因此，雷普顿最重要的贡献在于他提出了绘画与园林的差异所在。他认为，第一，画家的视点是固定的，而造园则要使人在动中纵观全园，因此，应该设计不同的视点和视角，也就是我们今天所谓的动态构图；第二，园林中的视野远比绘画中的更为开阔；第三，绘画中反映的光影、色彩都是固定的，是瞬间留下的印象，而园林则随着季节和气候、天气的不同，景象千变万化；第四，画家对风景的选择，可以根据构图的需要而任意取舍，而造园家所面临的却是自然的现实，并且园林还要满足人们的实用需求，而不仅仅是一种艺术欣赏。雷普顿的这些论点对于当时的风景园设计是十分重要的，甚至对今天的园林设计也有重要的借鉴意义。

此外，雷普顿创造的一种设计方法，也深受人们的赞赏。当他做设计之前，先画一幅园址现状透视图，然后，在此基础上再画设计的透视图，将二者都画在透明纸上，加以重叠比较，使得设计前后的效果一目了然。文特沃尔斯园就是用这种方法设计的风景园之一（图6-4、图6-5）。

（5）威廉·钱伯斯（William Chambers）

威廉·钱伯斯的父母均为苏格兰人，其父在瑞典经商。威廉曾在英格兰求学，1739年回瑞典从商，在东印度公司工作，因此有机会周游很多国家，也曾到过中国的广州。他并不热衷于商业，却对建筑有浓厚的兴趣，曾收集了许多中国建筑方面的资料，并于1757年出版了《中国的建筑意匠》及《中国建筑、家具、服饰、机械和器皿的设计》。他于1749年辞去公司职务，专

图6-4　文特沃尔斯园改造前的景观

图6-5　文特沃尔斯园改造后的景观

心研究建筑，并在法国巴黎和意大利罗马留学，1755年回到英国，担任威尔士王子——以后的国王乔治三世（George Ⅲ of Great Britain，1760—1820在位）的建筑师，成为声名显赫的人物（图6-6）。以后，他与邱园结下了不解之缘，曾在园中工作了6年，留下不少中国风格的建筑，1761年建造的中国塔和孔庙正是当年英国风靡一时的追求中国庭园趣味的历史写照。此外，他还在园中建了岩洞、清真寺、希腊神庙和罗马废墟，至今，中国塔和罗马废墟仍然是邱园中最引人注目的景点，可惜的是，其中的孔庙、清真寺等均已不复存在了。

钱伯斯还于1763年领导出版了《邱园的庭园和建筑平面、立面、局部及透视图》，此书的问世，使邱园更受当时人们的关注。他又于1772年出版了《东方庭园论》，认为布朗所创造的风景园只不过是原来的田园风光，而中国园林源于自然，高于自然。他还认为真正动人的园景应有强烈的对比和变化，并且，造园不仅是改造自然，而且还应使其成为高雅的、供人娱乐休息的地方，应体现出渊博的文化素养和艺术情操，这是中国园林的特点所在。

图6-6 威廉·钱伯斯

同样，钱伯斯的论点及做法也招致一些人的反对，他们攻击钱伯斯将多种建筑物、雕塑及其他装饰小品罗列在园中的做法，破坏了自然面貌，提倡恢复布朗时代的精神，排斥一切直线，并引起了所谓自然派和绘画派之争。

自然派的鼻祖是布朗，因此也称布朗派，其后继者是雷普顿和马歇尔·威廉；绘画派的主要人物是美术评论家普赖斯、奈特及森林美学家吉尔平。奈特提倡以法国17世纪风景画家克洛德·洛兰的画为蓝本布置各种树丛；普赖斯著文攻击布朗的造园除了大片树林和人工水池等单调的景色以外，别无他物，他强调造园应体现洛兰和萨尔瓦托·罗萨等艺术家的构思。

6.3 英国自然风景式园林实例

（1）查兹沃斯风景园

查兹沃斯风景园坐落于德比郡层峦起伏的山丘上，德文特河从中间缓缓流过。该园由世袭贵族德比郡公爵和他的家族拥有，至今已四百多年。

查兹沃斯庄园最早建于15—16世纪。园中现在仍然保留着1570年修建的林荫道（图6-7）和建有"玛丽王后凉亭"的台地。1865年，在法国式园林的巨大影响之下，人们开始大规模地改造查兹沃斯庄园，仅规则式的花园部分，面积就达到0.486平方千米。在建造乡村式住宅的同时，又在河谷的山坡上修建花园。当时英国最著名的造园师伦敦与怀斯参与了查兹沃斯庄园的建造，建有花坛、斜坡式草坪、温室、泉池以及长达几千米的整形树篱和以黄杨为材料的植物雕刻，花园中还装饰着非常丰富的雕塑作品（图6-8）。

当时使人非常惊奇的是在极其优雅的庄园与周围荒野的沼泽之间形成的强烈对比。英国作家笛福将这个地区描绘成"恐怖的深谷和难以接近的沼泽，荒草丛生且无边无际"。在这里，人们可以欣赏到"最美妙的山谷和最令人愉快的花园，总之，是世上最美的地方"。然而，过去的这种强烈对比已不复存在了。自从18世纪后半叶起，这里处处留下了"万能布朗"的痕迹。

1750年以后，由布朗指挥的风景式园林改建工程，重点便是改造周围的沼泽地；同时，也波及一部分原有的花园，重新塑造地形、铺种草坪。布朗最关注的是将河流融入风景构图之中，他采用比较隐蔽的堤坝将德文特河截流，从而形成一段可以展示在人们眼前的水面（图6-9）。后来在河道的一个狭窄

图6-7　林荫道

图6-8　修剪成型的绿篱

处，佩纳斯于1763年建造了一座帕拉第奥式桥梁，通向经布朗改建的新的城堡入口。推动18世纪英国风景园发展的著名田园诗人霍勒斯·瓦波尔在游览了查兹沃斯之后认为："大面积的种植、起伏的地形、弯曲的河流、两岸林园的扩展以及园中堆叠的大土丘，都使得人们能够更好地欣赏到河流景色。"

　　幸运的是布朗没有毁掉园内所有的巴洛克式造园景点，如1694—1695年由勒·诺特尔的弟子格里叶建造的"大瀑布"基本上得以保留下来。瀑布的每一层因地形的变化，其高度及宽度均有所不同，因而跌水的音响效果也富有变化。地下管道将落水引到"海马喷泉"，然后再引至花园西部的一处泉池中，最后流入河中。1703年，建筑师阿尔切尔在山丘之巅建造了一座庙宇式的"浴室"（图6-10）。

　　1826年，年仅23岁的帕克斯顿成为查兹沃斯的总园林师，任期长达32年。帕克斯顿主要负责修复工程，同时，也兴建了些新的水景，大多采用"绘画式"构图，其中有"威灵通岩石山""强盗石瀑布"、废墟式的引水渠以及"柳树喷泉"，还有"大温室"（现在改成了迷园）。帕克斯顿建造的岩石山因处理巧妙而极负盛名。

　　（2）霍华德庄园

　　霍华德庄园位于英国北部的北约克郡，属霍华德家族。

图6-9　布朗改造后的河道

图6-10　庙宇式的"浴室"

　　1699年，第三世卡尔利斯尔子爵查理·霍华德请建筑师约翰·凡布高（Sir John Vanbrugh，1664—1726）为其建造一座带花园的府邸（图6-11）。凡布高是非常著名的建筑师。27年之后，当凡布高去世时，巨大城堡的西翼部分始终未能建成。在当时的英国，没有哪座世俗的建筑物能够突出如此巨大的穹顶，没有哪座府邸汇集如此大量的瓶饰、雕塑、半身像等装饰，也没有哪座花园点缀着如此珍贵的园林建筑。这些却都出现在位于北约克郡的霍华德庄园中（图6-12、图6-13）。

　　不仅这座贵族府邸建筑为晚期的巴洛克风格，而且花园也显示出巴洛克风格与古典主义分裂的迹象（图6-14）。以艺术史中纯粹主义者的观点，这正是这座花园的重要意义所在。霍华德庄园和斯陀园一样，表明了从17世纪末的规则式传统到随后的风景式演变之间的过渡形式。人们寻求空间上的丰富性，而不是由单调的园路构成的贫乏而僵硬的轴线；寻求远离法国式的准则而不完全在于一种造园艺术的演变；寻求各种灵活的形式，而并非是毫无章法。

　　霍华德庄园地形起伏变化较大，面积达20多平方千米，很多地方显示出造园形式的演变，其中南花坛的变化最具代表性。1710年，在一片草地中央，建

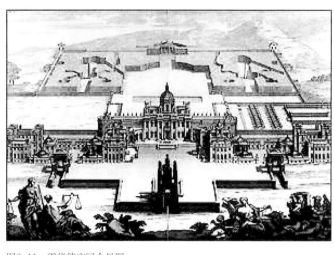

图6-11　霍华德庄园全景图

图6-12　霍华德庄园建筑

图6-13　霍华德庄园北面

图6-14　霍华德城堡教堂

造了一座由巨大的建筑物和几米高的、修剪成方尖碑和拱架的黄杨雕塑组成的复合体，现在这里放置了一座来自19世纪末世界博览会上壮观的"阿特拉斯"雕像喷泉（图6-15）。

　　根据斯威特则的设计，霍华德在府邸的东面布置了带状的小树林，称之为"放射线树林"，由曲线形的园路和浓荫覆盖的小径构成的路网，通向一些林间空地，其中设置环形凉棚、喷泉和瀑布。直到18世纪初，这个"自然的"树林部分与凡布高的几何式花坛并存，形成极其强烈的对比。今天，庄园内大部分的雕塑都失踪了，"放射线树林"也在1970年被完全改造成杜鹃丛林，但这个小树林被看作英国自然风景式造园史上一个决定性的转变。

　　在府邸边缘，引出朝南的弧形"散步平台"。台地下方有人工湖，1732—1734年从湖中又引出一条河流，沿着几座雕塑作品，一直流到凡布高设计的一座帕拉第奥式的、称为"四风神"的庙宇前（图6-16）。布置在最边远的景点是郝克斯莫尔1728—1729年建造的宏伟的纪念堂。在向南的山谷中，有一座加莱特建造的"古罗马桥"。霍华德庄园虽然曾遭到一些粗暴的毁坏，但在整体上仍然具有强烈的艺术感染力。

　　（3）布伦海姆宫苑

　　布伦海姆宫苑位于英格兰牛津郡的伍德斯托克，属于马尔伯勒公爵。

　　布伦海姆宫苑也称为丘吉尔庄园，是凡布高于1705年为第一代马尔勒波鲁公爵（John Churchill Marlborough，1650—1722）建造的，建筑造型奇特，开始显示出远离古典主义的样式（图6-17、图6-18）。但是，最初由亨利·怀斯建造的花园仍然采用勒·诺特尔式样。凡布高在宫殿前面的山坡上，建了一个巨大的几何形花坛，面积超过0.31平方千米，花坛中黄杨模纹与碎砖及大理石屑的底衬形成强烈对比。还有一处由高砖墙围绕的方形菜园。凡布高在布伦海姆的第二个杰作是壮观的帕拉第奥式的桥梁。府邸入口前方有宽阔的山谷，山谷中是格利姆河及其支流形成的沼泽地，为了跨越这座山谷，修建了两条垫高的道路和小桥。凡布高打算在山谷中建造一座欧洲最美观的大桥，以使沼

图6-15　园中雕像　　　　图6-16　"四风神"庙

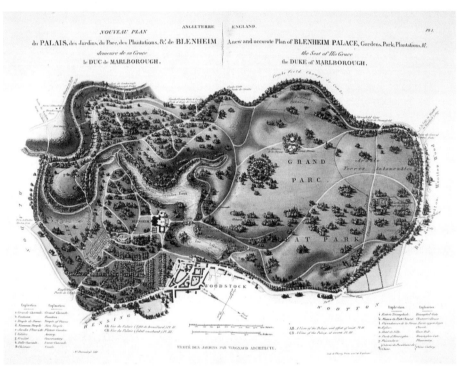

图6-17　布伦海姆宫苑平面图

图6-18　布伦海姆宫苑府邸

泽地成为园中一景。而建筑师瓦伦提出了一个更简朴但观赏性较弱的方案。然而最终采用了凡布高的方案，因此建造了这座与河流相比尺度明显超大的桥梁（图6-19至图6-21）。

马尔勒波鲁公爵去世不久，他的遗孀就要求府邸的总工程师阿姆斯特朗重新布置河道。阿姆斯特朗将格利姆河整治成运河，并在西边筑堤截流。新的运河水系发挥了应有的作用，将水引到花园的东边，但是在景观效果上却有所削弱。

1764年，布朗承接了为马尔勒波鲁家人建造风景园的任务，重新塑造了花坛的地形并铺植草坪，草地一直延伸到巴洛克式宫殿立面前。布朗又对凡布高建造的桥梁所在的格利姆河段加以改造，获得令人惊奇的效果。布朗只保留了现在称为"伊丽莎白岛"的一小块地，取消两条通道，在桥的西面建了一条堤坝，从而形成壮阔的水面。原来的地形被水淹没，形成两处弯曲的湖泊，并在桥下汇合。由于水面一直达到桥墩以上，因而使桥梁失去了原有的高大感，与水面的比例更加协调。布朗也因成功将布伦海姆的巴洛克式花园改造成全新的风景园而引人注目（图6-22、图6-23）。

图6-19　建于1730年的胜利纪念柱，高41米，是古希腊风格的建筑，矗立在公园大道的入口处，柱顶上是马尔勒波鲁公爵一世的雕像

图6-20　布伦海姆宫苑中的雕刻

图6-21　布伦海姆宫苑中的规则式花园

图6-22　布伦海姆宫苑大桥

图6-23　广袤的草坪与英式经典园林错落有致

（4）斯陀园

斯陀园位于英格兰白金汉郡的艾尔斯伯里谷区前村西北2千米处。斯陀园以前的园主是考伯海姆勋爵，今天它是一所带有高尔夫球场的贵族寄宿学校。

斯陀园规划最初采用了17世纪80年代的规则式，1715年后，花园的规模急剧扩大，园中点缀着一些建筑物和豪华的庙宇，直到1740年，斯陀园似乎仍然欲与凡尔赛相媲美（图6-24）。

最初负责工程的造园师布里奇曼在巨大的园地周围布置了一道隐垣，使人的视线得以延伸到园外的风景之中（图6-25）。1730年，肯特代替了布里奇曼，他逐渐改造了规则式的园路和甬道，并在主轴线的东面，以洛兰和普桑的绘画为蓝本建了一处充满田园情趣的"香榭丽舍"花园（图6-26）。山谷中流淌的小河，称为"斯狄克斯"，它是传说中地狱里的河流之一。肯特在河边建造的几座庙宇倒映水中，其中有仿古罗马西比勒庙宇的"古代道德之庙"（图6-27）。肯特还在园中布置古希腊名人的雕像，如荷马、苏格拉底、利库尔戈斯和伊巴密浓达等。为了批评当代人在精神上的堕落，肯特建造了一座废墟式的"新道德之庙"。在河对岸，有"英国贵族光荣之庙"，此庙仿照古罗马墓穴的半圆形纪念碑，壁龛中有14个英国道德典范的半身像，其中有伊丽莎白一世、威廉三世、哲学家培根和洛克、诗人莎士比亚和弥尔顿，以及科学家牛顿等（图6-28）。在"香榭丽舍"花园边的山坡上有一座"友谊殿"，考伯海姆勋爵与青年政治家们常在这里讨论如何推翻国王的统治以及如何建设国家的未来。

为避免一览无余，该园的东部处理成更加荒野和自然的环景，微微起伏的地形，使得风景中的建筑具有各自的独立性。向南可见建筑师吉伯斯建造的"友谊殿"（图6-29），这座纪念性建筑完全借鉴风景画中造型，非常入画，以后成为风景园的象征。斯陀园的桥梁跨越一处水池东边的支流，水池原为八角形，后被肯特改成曲线形。在一座小山丘上，有吉伯斯建造的"哥特式庙宇"（图6-30），因为在人们的印象中，古代的撒克逊人是与法国人及其统治者相对立的自由民。为了与规则式的法国建筑相对立，庙宇也采用自由而不规则的布局，有着不同高度的角楼。此外，哥特式也用来代表撒克逊人过去的光辉。

1741年，当肯特在斯陀园工作时，布朗作为这里的第一位园艺师，在"希腊山谷"的建造中起到重要作用。"希腊山谷"建在"香榭丽舍"花园的北面，是一种类似盆地的开阔牧场风光（图6-31）。

（5）斯托海德园

斯托海德园位于威尔特郡，在索尔斯伯里平原的西南角，属于全国名胜古迹托管协会（图6-32）。

亨利·霍尔一世（Henri Hoare I）于1717年买下了这里的土地，于1724年建造了帕拉第奥式的府邸建筑。1793年扩建了两翼，中央部分在1902年被烧毁后又重新恢复。在亨利一世期间并未建园，他的儿子亨利·霍尔二世（Henri Hoare II，Henri the magnificient，1705—1785）自1741年开始建造风景园，并倾注其一生的精力。亨利·霍尔二世之孙理查德·考尔特·霍尔（Richard Colt Hoare，1758—1838）也是该园建设的重要参与者。

亨利·霍尔二世首先将流经园址的斯托尔河截流，在园内形成一连串近似三角形的湖泊（图6-33）。湖中有岛、有堤，周围是缓坡、土岗；岸边或是伸入水中的草地，或是茂密的丛林；沿湖道路与水面若即若离，有的甚至

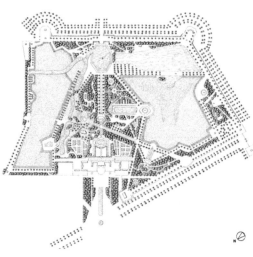

图6-24　斯陀园平面图

图6-25　花园周围的"哈哈"隐垣

图6-26　"香榭丽舍"花园

图6-27　古代道德之庙

图6-28　肯特在园中布置的雕像

图6-29　友谊殿

图6-30　哥特式庙宇

图6-31　希腊山谷

进入人工堆叠的山洞中；水面忽宽忽窄，既有如镜湖面，又有湍流悬瀑，动静结合，变化万千。沿岸设置了各种园林建筑，有亭、桥、洞窟及雕塑等，它们位于视线焦点上，互为对景，在园中起着画龙点睛的作用。

采用环湖布置的园路，使人们在散步的过程中，欣赏到一系列不同的景观画面。园路边建有各种庙宇，每座庙宇代表古罗马诗人维吉尔的史诗《埃耐伊德》中的一句。建筑师弗利特卡夫特建造的府邸采用了帕拉第奥样式，从府邸前的道路向西北方，即可看到以密林为背景、有白色柱子的"花神庙"。庙两侧有各色杜鹃，白色建筑掩映于花丛之中，与投入水中的倒影构成一幅动人的画面。花神庙所在的土坡上方，有一处"天堂泉"，与花神庙的绚丽色调处理手法不同，显得十分幽静。经过"船屋"往西北，池水渐渐变窄，可看到远处的修道院及"阿尔弗烈德塔"（图6-34）。沿湖西岸往南，可以见到湖中两个林木葱茏的小岛，随着游人的行进，形成步移景异的效果。

西岸最北边，有1748年皮帕尔设计的假山，假山中有洞可通行。洞中面对湖水的一面辟有自然式的窗口，这样，既形成由洞中观赏湖上及对岸风光的景框，也便于洞内采光（图6-35）。洞中的水池上有卧着"水妖"的石床，流水形成的水帘由床上落入池中（图6-36）。洞中还有一河神像，其风格及姿态都反映了古希腊的遗风。洞壁上刻着"甜甜的水，岩石中洋溢着生命力的地方，是水妖的住处"。

山洞以南是哥特式村庄。当人们从村庄向湖望去，是一幅以洛兰的田园风光画为蓝本的天然图画。湖对岸，几株古树形成景框，湖中有数座小岛，其中一座岛上有建于1754年的缩小了的古罗马先贤祠（图6-37）。在古典园林中，先贤祠是常见的景物，后人以这种建筑作为古罗马精神的象征。

由村庄往南，有座1860年架设的铁桥，桥的东侧是开阔的水面，西侧则是细细的小河，两边景色迥然不同。过桥上堤，堤南水面稍小，比较幽静，对岸有瀑布及古老的水车，远处是缓坡草地、苍劲的孤植树、茂密的树丛及成群的牛羊，一派牧场风光。堤的东头有四孔石拱桥，向北是水面最狭长处，视线十分深远。透过石桥，远望湖中岛屿，对岸的东侧有花神庙，西侧有哥特式村舍及假山洞，这里是园中最佳的观景点。阿波罗神殿是另一处重要的景点，这里地势较高，后面树木环绕，前面是出一片斜坡草地，一直伸向湖岸，岸边草地平缓，上有成丛的树木。在神殿前可以眺望辽阔的水面，而从对岸看，阿波罗神殿犹如耸立于树海之上（图6-38）。由此往下，即可进入有地下通道的山洞，出洞后经帕拉第奥式的石桥，可从另一角度欣赏西岸的先贤祠、哥特式村舍及岩洞，别有一番情趣。

（6）邱园

邱园位于伦敦西南部的泰晤士河南岸，原属乔治二世与卡洛琳女王之子威尔士亲王的遗孀奥古斯塔，1840年邱园被移交给国家管理。

邱园为英国皇家植物园，两个世纪以来，一直是世界瞩目的植物园之一，其园林景观也体现了英国园林发展史上几个不同阶段的特色。最初的邱园占地仅0.035平方千米，经过皇家的三次捐赠，到了1904年，邱园的规模达到了1.21平方千米（图6-39）。

邱园的建设首先以建筑邱宫为中心（图6-40），以后在其周围建园，又逐渐扩大面积，增加不同的局部，客观上形成了多个中心，但主要功能还是植物园，因此，其规划不同于一般完全以景观效果为主的花园。邱园以邱宫、棕榈温室等为中心形成的局部环境，以及自然的水面、草地，姿态优美的孤植

图6-32　斯托海德园全景图

图6-35　假山洞

图6-33　院内湖泊

图6-36　洞中的水妖

图6-34　阿尔弗烈德塔

图6-37　位于湖岸一端的古罗马先贤祠

图6-38 阿波罗神殿

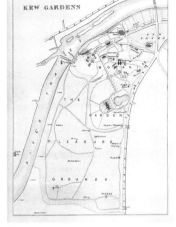

图6-39 邱园平面图

图6-40 邱宫

图6-41 中国宝塔

树、树丛，内容丰富又绚丽多彩的月季园、岩石园等种种景色，使邱园不仅在植物学方面在国际上具有权威地位，而且在园林艺术方面也有很高的水平。园里具有中国风格的宝塔（图6-41）、废墟等也为园林增色不少。至今邱园仍是国际上享有盛誉的园林之一。

棕榈温室外形像一艘倒置的航船（图6-42），它建成于1848年，全长109米，中部宽30米，高20米。温室东面为水池，靠近温室一侧的池岸为规则式驳岸，岸边的花坛、雕塑、道路为了与温室建筑一致，均为规则式规划。而另外三边的池岸则处理成自然式，环池道路也随池岸曲折变化，路与池之间或为缓坡草地，或为成丛的湿生、沼生植物，在这些地方很难觉察出池与岸的明显界限。池中有雕塑、喷泉。池南岸有一对中国石狮子，为中国"万园之园"圆明园的原物，1860年英法联军焚毁圆明园之后，这对石狮子成为邱园的装饰品（图6-43）。从水池的岸边处理上可以看出设计者力求使温室建筑与自然式园林相协调和由规则式向自然式过渡的匠心。温室的另一侧为整形的月季园，园的南端延伸至远处的透视线终点就是中国宝塔。

邱宫建筑的一侧，近年来新建了一处规则式的局部。整齐的长方形水池、修剪的绿篱和成排的雕塑，形成一个独立的空间，体现了伊丽莎白时代的风格。

邱园内有许多古树，如欧洲七叶树、椴树、山毛榉、雪松、冷杉等，这些树木占有非常开阔的空间，无局促感。当然，由国外引种植物品种之丰富，也是形成邱园特色的重要因素，如中国的银杏、白皮松、珙桐、鹅掌楸等名贵树木都在邱园安家落户了。养护良好的草坪地被也是邱园引以为豪的内容之一，园中的开花灌木及针叶树的基部都与草地直接相连，乔木的树荫下也是草地，绿色地被成为乔灌木及花卉的背景，在绿色的衬托下，

图6-42　棕榈温室

图6-43　中国石狮

花卉的色彩显得更加鲜艳、洁净。不仅在邱园，英国许多园林都具有这一特点，甚至有的地方以绿毯般的草坪铺成路面，人们可以悠闲地在上面漫步（图6-44、图6-45）。

邱园的西南部有一连串长长的湖泊水面，虽不如斯托海德的水面那样辽阔，但水中的小岛和嬉戏的水禽，使这里显得十分幽静。

（7）尼曼斯花园

尼曼斯花园位于伦敦西南部的泰晤士河南岸，属于路德维希·梅塞尔（Ludwig Messel）。

尼曼斯花园建于19世纪末期，园主是梅塞尔，他是一位园林爱好者，并且喜欢收集植物。1890年他买下这个园址后，与园林师康贝尔一起设计建造了这座花园（图6-46）。

园主首先改良了土壤，种植大树，在园内形成浓密的树荫。由于土壤十分适宜酸性植物的生长，所以园内种有大量的玉兰、山茶、杜鹃等花木。此外，园内还有大量的珍稀树木，如云杉、珙桐等。

花园在布局上将古典园林构图与园林植物栽培结合起来，全园分为一个开

图6-44　邱园的草坪

图6-45　邱园的花草植物

图6-46　尼曼斯花园建筑

图6-47　主题花园

图6-48　大理石水盘与巨型植物造型

图6-49　灰色的墙面上爬满植物

　　放性的大花园和几个封闭性的主题小花园，如沉床园、石楠花园、松树园、月季园和杜鹃花园等（图6-47）。其中最引人入胜的是墙中心布置意大利式的大理石水盘，环以四座巨型紫杉植物造型，强调了墙园的中心（图6-48）；　由园中心引出四条园路将全园四等分，路边饰以花境，　在常绿植物的背景前十分夺目，打破了几何形构图的单调与乏味；园内还有一些芳香植物如野茉莉等，令人陶醉。

　　园内有一座都德时代建造的住宅，在第二次世界大战期间毁于战火，但墙壁被保留下来，灰色的墙面上爬满紫藤、玫瑰和忍冬等攀缘植物，附近的树木和造型树篱又强调了遗址的景观效果，富有浪漫情调（图6-49）。

　　尼曼斯花园代表了英国19世纪的造园风格，在构图上带有折中主义的特征，将规则式花园与自然式园林结合在一起，同时植物品种十分丰富，配置得当，层次丰富，色彩艳丽，而且管理精细（图6-50）。

图6-50　尼曼斯花园局部

6.4　英国自然风景式园林的特征

（1）自然疏朗

英国风景园摒弃几何式造园规则，尽量避免人工雕琢的痕迹，以自然流畅的湖岸线，动静结合的水面，缓缓起伏的草地，高大稀疏的乔木或丛植为特色。

与勒·诺特尔式的园林完全相反，它否定了纹样植坛、笔直的林荫道、方正的水池、整形的树木，扬弃了一切几何形状和对称均齐的布局，代之以弯曲的道路、自然式的树丛和草地、蜿蜒的河流，讲究借景和与园外的自然环境相融合。

英国风景式园林除注重园内重现自然外，亦注重园林内外环境的自然结合，往往设置"哈哈"隐垣，既能防止牲畜入园，又将园林与外界连为一体，扩大了园林的空间。

英国园林按自然种植树林，开阔的缓坡上散生着高大的乔木和树丛，起伏的丘陵生长着茂密的森林。

（2）受中国园林影响

18世纪下半叶，英国人发现完全以自然风景或者风景画作为蓝本，模仿大自然景观的园林过于单调，虽源于自然但未必高于自然。18世纪全欧洲的启蒙思想家都向东方尤其是向中国借鉴政治、伦理等思想，他们对中国的文学、艺术、园林等文化的各个领域产生了浓厚的兴趣，形成了"中国风"。英国皇家建筑师钱伯斯是在欧洲传播中国造园艺术的最有影响力的人之一，他两度游历中国，归来后著《东方造园艺术泛论》，盛谈中国园林并以很高的热情向英国介绍了中国的建筑和造园艺术，由他主持设计的丘园，至19世纪就已成为闻名欧洲乃至世界的植物园。

（3）富有浪漫情调

勒柏顿（Hamprey Repton，1752—1818）是布朗的继承人，号称"自

然风景园之新王"。在他设计的园林中，开始在建筑周围布置一些花架、花坛等装饰性的景物，作为建筑与自然的过渡；并开始使用台地、绿篱、人工理水、植物整形修剪以及日晷、鸟舍、雕像等建筑小品；特别注意树的外形与建筑形象的配合衬托以及虚实、色彩、明暗等关系。勒柏顿还主张要尽量发挥园林的自然美，并尽量遮蔽缺陷；园景、景界不可太明显，这样会使视觉更为辽阔；人工物应尽量自然化；庭园中的景物、装饰物应与环境配合，甚至在园林中特意设置废墟、残碑、朽桥、枯树以渲染一种浪漫的情调。

迷宫现象根植于欧洲文化，其历史由来已久，不同时期的迷宫具有不同的喻义。迷宫最早出现在古希腊神话中。如今，很多欧洲人自己家中也出现了迷宫。对很多人来说，迷宫就像一个宣言、一个标志，人们通过寻求迷宫出口的方式重悟生命的意义或得到心灵的慰藉。

6.5 法国的自然风景式园林

6.5.1 法国"英中式园林"

18世纪初期，法国绝对君权的鼎盛时代一去不复返了。古典主义艺术逐渐衰落，洛可可艺术开始流行。随着英国出现了自然风景园并逐渐过渡到绘画式风景园以后，在法国也掀起了建造绘画式风景园林的热潮。由于法国的风景式园林借鉴了英国风景式园林的造园手法，又受到中国园林的影响，所以称之为"英中式园林"。

这场深入的园林艺术改革运动在英国和法国却表现出不同的特点。在英国，这场艺术革命总带有几分"天真"的成分，而在法国，人们竭力利用它来对抗过去的思潮。英国人关心的只是怎样创造美丽的花园，追求一个更适合散步和休息的理想场所。英国贵族毁坏一个规则式花园，目的不是指责建造规则式花园的那个时代，甚至也没有可以责难的人。而法国的规则式花园，被人们与宫廷联系在一起，因此，仅仅由于对过去喜爱它的人的憎恨，就足以导致对这类花园的憎恨了。贵族们也同样厌倦了持续半个多世纪的豪华与庄重、适度与比例、秩序和规则的风格，他们为了表明自己在艺术品位上的独立性而与过去的时尚背道而驰。

卢梭（Rousseau）（图6-51）因仇恨封建贵族统治的腐朽社会而仇恨所有规则式花园，他主张放弃文明，回到纯朴的自然状态中。1761年，卢梭发表了小说《新爱洛绮丝》，这部小说被称为是轰击法国古典主义园林艺术的霹雳。卢梭在书中构想了一个名为"克拉伦的爱丽舍"花园。在这个自然式的花园中，只有乡土植物，绿草如茵，野花飘香。园路弯曲而不规则，"或者沿着清澈的小河，或者穿河而过。水流一会儿是难以觉察的细流，一会儿又汇成小溪，在卵石河床上流淌"。在花园里"那两边是高高的篱笆，篱笆前边种了许多槭树、山楂树、构骨、冬青、女贞树和其他杂树，使人看不见篱笆，而是看见一片树林"。

6.5.2 法国"英中式园林"实例

（1）埃麦农维勒林园

埃麦农维勒林园位于法国北部皮卡迪欧瓦兹省埃麦农维勒市，属于吉拉丹侯爵家族。

埃麦农维勒林园由大林苑、小林苑和荒漠三部分组成（图6-52）。园内

图6-51　卢梭

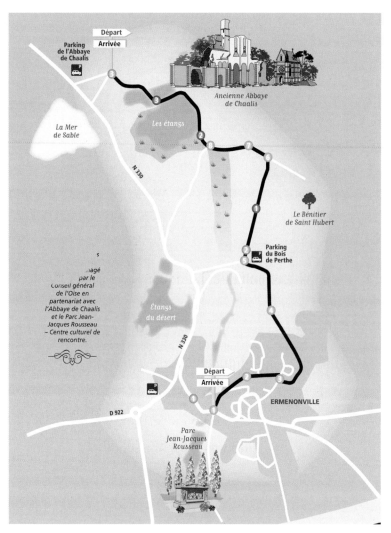

图6-52 埃麦农维勒林园平面图

地形变化丰富、景物对比强烈，有河流、牧场、丛林、丘陵砂场和林木覆盖的山岗等各种自然景观。园内大面积地种植形成变化丰富的植物景观，引来农奈特河的河水，形成园内的溪流和湖泊（图6-53）。园内因有大量的植物和水景而显得生机勃勃，充满活力。富有哲理含义的主题性园林建筑，为园林带来了强烈的浪漫情调。园路布置巧妙，从每一个转折处，都可以观赏到河流景观。这个充满幻想的花园，有着步移景异的效果。

　　埃麦农维勒林园中还能看到"老人的座凳"（图6-54）"梦幻的祭坛""母亲的桌子"（图6-55）"哲学家的庙宇"（图6-56），而狭小的、空空如也的"先贤祠"则保留着未完成的状态，暗喻人类的思想进步永无止境。还有美丽的加伯里埃尔塔，在"纯洁的环境中，引入一个历史上的高卢式的乐符"，唤起人们对古代的回忆。有一些园林建筑后来遭到毁坏，如"隐居处""缪斯庙""茆莱蒙和波西斯的小屋"。

　　1778年，吉拉丹在园内的一个僻静之处，按照卢梭的《新爱洛绮丝》里描写的克拉伦的爱丽舍花园建造了一座小花园，以表示对卢梭的敬意。花园建成不久，卢梭在这里度过了他生命中的最后五个星期，卢梭与世长辞后被安葬在一座杨树岛上。起初人们为他建了石碑，1780年又建造了一座古代衣冠冢形状的墓穴，墓碑上刻着"这儿安息着属于自然和真实之人"（图6-57）。园中建造名人墓穴成为纪念性花园的一种模式，以后曾大量出现。它满足了另

图6-53　湖泊

图6-54　老人的坐凳

图6-55　母亲的桌子

图6-56　哲学家的庙宇

图6-57　卢梭的陵墓

一种新趣味，即在造园上表现出的过分的浪漫情感。吉拉丹还提出了一个有趣的构思，即在园林中设置石碑、陵墓、衣冠冢、垂柳或者截断的石柱，使人能够时时缅怀逝去的贤人，忆古思今。

（2）麦莱维勒林园

麦莱维勒林园位于法国西北部的奥恩省Marchainville市，属于拉波尔德家族。

1784年，宫廷金融家拉波尔德在法兰西岛最南端购下麦莱维勒的地产，并着手建造英中式园林。他研究、分析风景式造园艺术，以吸取前人的经验和教训。他认为，"许多景物在自然中是很美的，因为它们处在广阔的空间里；而在小空间中，这些景物的效果则会很荒唐，因为它们无法形成一个动态的整体"。他又说，水是自然的灵魂，但又不能不加区分地运用，"对于越是能产生效果的装饰，越要谨慎地运用并形成高雅的品位"。对于园林建筑，他认为，"如果它们与所处的环境不相协调，那就成为一种粗俗而不是点缀了"（图6-58）。

麦莱维勒林园里的"建筑物"很多，其中最重要的有四座，即"海战纪念柱"（图6-59）"库克墓穴"（图6-60）"乳品场"（图6-61）和"孝心殿"（图6-62）。此外还有贝朗热建造的"磨坊""凉室"，以及为纪念建筑学院奖而建造的"塔将柱"等。其中"海战纪念柱"是最引人注目的景物之一，采用仿古罗马战舰的"喙形舰首柱"的形式而建造。

拉波尔德追随花园中设置名人墓穴的潮流，在园中修建了库克（James Cook，1728—1779）的墓穴，它实际上只是一座纪念碑，因为这位航海家葬身于大西洋岛屿土族人的胃中。雕塑塑造了一个探险家的半身像和一些野人的形象，四周是沉重的陶立克式柱子。"乳品场"建造在水池的尽端，体量简洁，立面是6根柱子支承着覆以鳞瓦的半个球形穹顶。"孝心殿"建造在岩石山顶上，是一座环形建筑物，有18根科林斯柱子，覆以大理石穹顶。"观景台"已被毁坏，而"磨坊"则只剩下底座的陶立克式石柱、拱券和岩石桥，石柱高度与"塔将柱"相当，非常壮观，现在孤零零地立在园外，在大革命和帝国时期，建筑师设计建造的许多柱子，如"旺多姆柱"和"布劳涅柱"，都以它为样板。

麦莱维勒林园中最著名的建筑物"庙宇""库克墓穴""海战纪念柱"等，于1895年被圣莱翁伯爵购买并运到25千米外他的若尔园中重新组装起来。

6.5.3 法国"英中式园林"的特征

洛可可风格是路易十五统治时期社会所崇尚的一种艺术风格，其特征是：具有纤细、轻巧、华丽和烦琐的装饰性，喜用漩涡形的曲线和轻淡柔和的色彩。洛可可风格对法国造园艺术的影响基本只停留在花园装饰风格上。

18世纪继英国之后，法国便走上了浪漫主义风景式造园之路，但由于唯理主义哲学在法国根深蒂固，古典主义园林艺术经过几个世纪的发展，有着极高的成就，在法国人的心目中，勒·诺特尔的

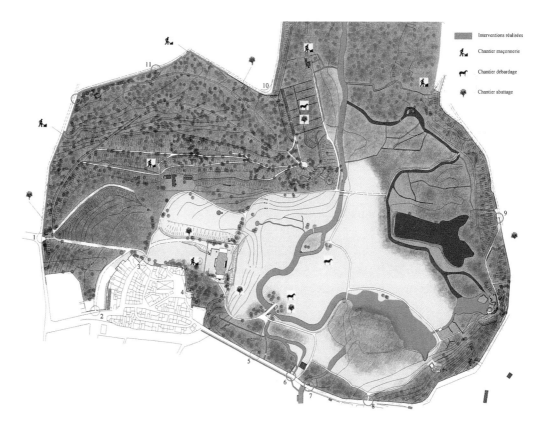

图6-58　麦莱维勒林园平面图

图6-59　海战纪念柱

图6-60　库克墓穴

图6-61　乳品场

图6-62　孝心殿

　　造园艺术是民族的骄傲，他的权威性是不会轻易动摇的。因此，18世纪初期，追随英国自然风景式造园潮流建造的花园仍然借鉴勒·诺特尔的设计原则，只是花园的规模和尺度都缩小了，仅在一个更加局促的环境中，借助于更加细腻的装饰，改变庄重典雅的风格，使花园更富有人情味，而小型纪念性建筑取代雕像开始在花园中出现。

　　18世纪的一些法国风景画家突破古典主义绘画对题材的限制，在他们的作品中表现出愉快的自然景色和田园风光，这对法国风景园林也有很大影响，一些风景园林甚至以这样的绘画作品为蓝本，"英中式园林"中常有的"小村庄"，更反映出田园风光画对园林情趣的影响。

花坛图案以卷草为素材更加生动活泼，花纹回旋盘绕、复杂纤细，色彩更加艳丽，构图也出现局部的不对称。但这种绣花花坛很快就过时了，而代之以英国式的草坪花坛，即在整齐精细的草坪边缘，用一些花卉做装饰，显得朴素、亲切、自然。

洛可可艺术具有新颖、奇特的特征，因而更关注异国情调。17世纪下半叶以来，中国的绘画和工艺品一直深受法国人的喜爱，特别是经到过中国的欧洲商人和传教士对中国工艺美术、建筑及园林艺术的介绍，迎合了追求新奇刺激、标榜借鉴自然的法国人的口味，所以中国园林艺术对法国风景园林产生了明显的影响，风景园中出现塔、桥、亭、阁之类的建筑物和模仿自然形态的假山、叠石，园路和河流迂回曲折，穿行于山岗和丛林之间；湖泊采用不规则的形状，驳岸处理成土坡、草地，间以天然石块。

6.6　英国自然风景式造园技术思想的当代借鉴

英国自然风景式园林，是世界园林的重要组成部分之一。在其成熟的中后期，这种自由的不规则园林传至欧洲大陆，形成了一个自由式艺术的潮流趋势。这种园林体系大众化和开放性的特点与设计方法，对我国现代景观园林设计有很好的指导作用。

近年来，中国园林作品中不乏精品，但大多数作品往往只是在表层上对往昔园林作品翻抄、堆砌、混搭，缺少对文化的深层意义解读和传达，这个现象反映出当下的园林业界仍未形成自己的理论框架，缺乏成型的、有当代中国特点的指导思想。

英国自然风景式园林以其模仿自然的不规则的造园理念彻底颠覆了西方古典主义的美学思想，自从英国出现了自然风景式园林后，园林才有了规则和不规则之分。"造园艺术既不是用花园美化自然，也不是用自然美化花园，而是直接去美化自然本身。"这一说法的提出也为整个园林领域的发展注入了新的血液。作为英国自然风景式园林之父的威廉·肯特，通过他那句"自然憎厌直线"的口号，以及他对古典几何式园林的打破和对新的自然园林的倡导，为以后的自然风景式园林的发展、成熟奠定了基础。当代园林中有很大一部分受到英国自然风景园造园美学思想的影响，不再刻意注重对园林景观的人工改造，尽量避免过于明显的人工雕琢的痕迹。特别是在一些非规则式的公园和景区中容易看到这种模仿自然风光的园林景观，让人在这样的景观中放松、舒缓压力，充分感受到自然的美。这种人与自然共生的设计观对于现代园林设计中的景观视线选择以及景观流线设计等均有借鉴作用。

【拓展训练】
简述英国自然风景式园林的发展及其艺术特色。

7 美国园林（17—19世纪）

7.1 背景介绍

7.1.1 地理区位

美国位于北美洲中部，除本土以外还包括北美洲西北部的阿拉斯加和太平洋中部的夏威夷群岛。北与加拿大接壤，南靠墨西哥和墨西哥湾，西临太平洋，东濒大西洋。

7.1.2 气候条件

美国大部分地区属于大陆性气候，南部属于亚热带气候，西部沿海地区分布有温带海洋性气候和地中海气候。中北部平原温差较大。

7.1.3 历史背景

1492年，意大利水手哥伦布在西班牙王室的支持下，率领他的船队到达美洲，开辟了欧美两大洲航线。从此，欧洲诸国殖民者纷至沓来，而在北美以英国人最多。1607年，英国人在北美大西洋沿岸建立了第一个殖民地弗吉尼亚，到18世纪30年代，英国已经在北美大西洋沿岸建立了13个殖民地。除此之外，还有来自西班牙、葡萄牙、荷兰等国的殖民者，另外还有大批来自非洲的黑人奴隶。

经过半个世纪的发展，各种族不断融合，文化交流不断加强，开始形成融多民族文化的美利坚民族，并且随着欧洲启蒙思想在北美的传播，美利坚人民的民族和民主意识与日俱增。然而英国希望北美永远作为它的原料产地和商品市场，竭力压制殖民地经济发展，美利坚人民不满英国的奴役和剥削，双方矛盾日趋尖锐激烈，最终导致美国独立战争爆发。1776年7月4日，大陆会议发表《独立宣言》，标志着美利坚合众国正式成立。

7.2 美国殖民时期园林

7.2.1 代表人物

道宁（Andrew Jackson Downing），美国殖民时期园林的代表人物（图7-1）。道宁虽然出生于殖民时期之后（1815—1852），但由于他是美国第一代造园家，其设计理念主要还是在庭院环境方面。虽然他也曾参加过华盛

图7-1 道宁

顿国会大厦、白宫、史密索尼安协会的环境装饰设计，但是其造园思想是在奥姆斯特德的倡导下发扬光大的，奥姆斯特德是城市公园时期的代表人物，因此很多专家将道宁归于殖民时期园林的代表人物。

道宁靠自学成为造园家，并集园艺师与建筑师于一身，还写了许多有关园林的著作，其中最著名的是1841 年出版的《园林的理论与实践概要》。此后，他担任《园艺家》杂志的主要撰稿人和主编，对公园建设发表了很多独到的见解。由他设计的新泽西州西奥伦治的卢埃伦公园成为当时郊区公园的典范，他还改建了华盛顿议会大厦前的林荫道。

1850年，道宁去英国访问，当时正值英国风景园处于成熟时期，道宁从雷普顿的作品中受到很多启示。他高度评价美国的大地风光、乡村景色，并强调师法自然的重要性；他主张给树木以充足的空间，充分发挥单株树的效果，表现其美丽的树姿及轮廓。这一点对今天的园林设计者来说，仍有借鉴意义。遗憾的是，道宁于风华正茂之际不幸溺水身亡，时年仅36岁。

7.2.2 美国殖民时期园林实例

维尔农山庄位于弗吉尼亚的威特斯摩兰县，属于乔治·华盛顿家族。

维尔农山庄是美国前总统乔治·华盛顿的家，它是一座始终受欢迎且激发着大众想象力的殖民时期的花园。直至英国的殖民统治结束时，该花园的范围才予以确定（图7-2）。

不管从哪个角度看，维尔农山庄都不属于精雕细琢的庄园，它只是一个简洁朴素的乡村之家。不过，在那个年代，维尔农山庄的确是最好的花园之一，它规划布局良好，直到现在还作为"开国之父"的故居而受到精心的保护。虽然维尔农山庄的住宅建设被多次以多种形式拷贝，但并未对美国的造园学产生明显的直接影响。值得注意的是，维尔农山庄在美国历史上具有较高的声誉，并对众多的艺术领域产生了相当大的影响。殖民时期的建筑、家具和花园都属于受此影响的类型，而且，它们对"哈佛革命"前期简洁、尊严的古式家居氛围，也做出了巨大贡献。

图7-2　维尔农山庄

7.2.3　美国殖民时期园林的特征

作为一个移民国家，美国园林风格的形成、发展与美国历史文化发展具有异曲同工之效。在英国殖民统治初期，欧洲各国移民为了维持生存，便大肆砍伐森林、开垦土地。经过一百多年的艰苦创业，移民们将各自民族文化与当地自然环境相结合，创造出具有各自民族文化特征的建筑及居住环境，称之为早期殖民式庭园，但只是一些简单的住宅庭园，即使一些富人的庄园，也无豪华富丽可言。早期殖民式的庭院构成十分简单，它们大部分由果树园、蔬菜园、药草园组成，园内各处点缀着草花。在靠近房屋的地方和前院中种满了鲜花和装饰性灌木，如玫瑰、柠檬、百合、菖蒲等。

住宅的前院都很狭窄，即便是设在大宅后面的庭院，其宽度也极少有1.8~3米以上者。那时还出现了一种住宅的临街部分设为店铺的新样式，它的前院四通八达，这种样式在后来风行一时。与此相应，住宅则从街道一直往后退，而前院也变得既开敞又宽大了。

在最初的许多岁月里，美国的大部分住宅都建有围墙。最初的围墙只是最简陋的栅栏，不久后就普遍代之以整齐的木栅栏，这种围墙形式延续了很长一段时间。以后木材资源丰富，木匠的技术也更加娴熟，栅栏的柱子也做得十分精细，有的还带有木雕的柱头。

7.3　美国城市公园

7.3.1　代表人物

弗雷德里克·劳·奥姆斯特德（Frederick Law Olmsted），是美国城市公园设计的代表人物（图7-3）。

奥姆斯特德是继承并发展了道宁思想的一位杰出人物。1854年他与沃克斯（Calvert Vaux，1824—1895）合作，以"绿茸地"为题赢得了纽约中央公园设计方案大赛的大奖，从此名声大振。

1864—1890年，奥姆斯特德任首届罗塞米蒂委员会主席。罗塞米蒂是美国加利福尼亚中部山地风景区，1890年辟作国家公园。后来奥姆斯特德又与沃克斯合作制订了尼亚加拉瀑布公园规划，还做了波士顿和布鲁克林的公园及道路绿化系统规划、芝加哥世界博览会的园林绿化及会后将其改建成杰克逊公园的规划等。他预见到由于移民成倍增长，城市人口急剧膨胀，必将加速城市化的进程，因此，他认为城市绿化将日益显示其重要性，而建造大型城市公园则可使居民享受到城市中的自然空间，是改善城市环境的重要措施。

7.3.2　美国城市公园实例

城市公园是城市建设的主要内容之一，是城市生态系统、城市景观的重要组成部分。城市公园是满足城市居民的休闲需要，提供休息、游览、锻炼、交往，以及举办各种集体文化活动的场所。城市公园被称为城市的"肺"、城市的"氧吧"。

（1）美国纽约中央公园

纽约中央公园南起59大街，北抵110大街，东西两侧被著名的第五大道和中央公园西大道所围合，中央公园名副其实地坐落在纽约曼哈顿岛的中央。

纽约中央公园是一大片田园式的禁猎区，有茂密的树林、湖泊和草坪，甚至还有农场和牧场，是纽约这个繁华大都市的后花园。公园里面网球场、运动

图7-3　奥姆斯特德

图7-4　纽约中央公园俯视图

图7-5　中央公园景观

场、美术馆等，各种设施应有尽有（图7-4）。

纽约中央公园内除一条直线形林荫道及两座方形旧蓄水池以外，尚有两条笔直的贯穿公园的公共交通道，其他地方，如水体、起伏的草地、曲线流畅的园路，以及乔、灌木的配置均为自然式（图7-5）；而在设施内容上与此前欧洲各国的城市公园相比，也更符合城市的需求，是一种全新概念的城市公园。直至今日，在世界各处的公园中，几乎都还能见到与之相似的处理方式。尤其值得称道的是，在纽约这样一座人口稠密的大都市中心保留了如此大的一块绿地，确实是难能可贵的。

①中央公园动物园，园内可分为海狮表演区、极圈区和热带雨林区。其中，海狮表演区是最受大家欢迎的。另一个令人惊喜的区域是极圈区，可以看到小企鹅住在仿真的北极圈内，这里最大的卖点是北极熊，全身雪白的北极熊在仿真的山谷流水间走动，观光客在上面隔着安全玻璃往里看，那庞大凶猛的野兽，却仿若可爱笨重的玩具。热带雨林区内则设有一处小小的热带雨林，栽植了形貌多样的热带植物与花卉（图7-6）。

图7-6　中央公园动物园热带雨林区

图7-7　毕士达喷泉

　　②毕士达喷泉及广场位于湖泊与林荫之间，是中央公园的核心，喷泉建于 1873 年，是为了纪念内战期间死于海中的战士，而毕士达之名则是取自圣经的故事，讲述的是在耶路撒冷的一个水池因天使赋予力量，而具有治病的功效。"水中天使"的雕像，则是取自 Tony Kushner 的史诗戏剧作品"天使在美国"，而围在喷泉旁的四座雕像分别代表"节制""纯净""健康"与"和平"（图7-7）。

　　③绵羊草原在1934年以前是用来放牧绵羊的，如今虽然已不作为放牧之用，但却是供人们野餐与享受日光浴的好地方，在这里可以看到很壮观的日光浴场景（图7-8）。

　　④草莓园是约翰·列侬遗孀——小野洋子为了纪念其夫于 1980 年遇刺，在住处（列侬遇害的地点）达科塔大厦前，出资修缮了这个泪滴状区域，并称之为"草莓园"，因为列侬在 1967 年写了一首名曲——"永远的草莓园"。从达科塔可以俯瞰这个地点，这个花园中有来自世界各国的捐赠，故称为"国

图7-8 绵羊草原

际和平公园"，园内有步道、灌木丛、森林、花床等，其中，步道上有一个黑白相间的马赛克镶嵌的星形图形，这也是约翰·列侬的一首歌"Imagine"歌词中所提到的。每年12月8日（列侬遇害日），全世界的披头士歌迷会聚集在此一同纪念他，并遥望达科塔旧居，平时也有歌迷会在星形图形上点一根蜡烛、放一束鲜花来凭吊他（图7-9）。

⑤保护水域。这片水域以"模型船池塘"闻名，每年会在此举行模型船比赛，比赛地点位于新文艺复兴风格的水坝前。水域北部有一座爱丽丝梦游仙境的雕像（图7-10、图7-11），这是出版家乔治·戴拉寇克为了纪念爱妻出资建立的。雕像中爱丽斯与疯帽人坐在一个巨大的蘑菇上，还有猫与兔子。小孩子可以在这个区域游玩，湖的西面有丹麦小说家安徒生的塑像，还有一只丑小鸭蹲在他脚下，夏天的周末则有说故事的人在这里为小朋友们朗读故事。

（2）展望公园

展望公园坐落在美国纽约的布鲁克林区（图7-12），占地2.129平方千米，南端的大湖就占了0.243平方千米，其水流向北延伸，称为静水（图7-13）。静水的北端有座船屋，原以粗木为顶，30年后，船屋被重新改造为仿16世纪的威尼斯建筑（图7-14）。由于船屋位于公园东侧，光影不断变换，最宜坐看日落水影，是公园最受欢迎的景点。现今船只已移至南端的大湖，船屋成为游客中心，每年秋天的赏鹰活动在此举行。

穿越雅致的静水桥，即达静水自然步道（图7-15）。沿着步道行进，蛙鸣不绝于耳，静水里水草繁茂，孕育百物。如果在这里待上一天可以见到百种鸟类，常见的有美洲啄木鸟、风琴鸟、苍鹭等，以及十余种鸭。这里也是太阳鱼、淡水螯虾、大口鲈鱼的家。步道上有座新搭的树枝棚架，出于沃克斯当年的设计草图。

展望公园的大草坪绵长不断（图7-16），在城市公园中极为少见。大草坪占地0.364平方千米，长达1.609千米，自公园北端的大拱门绵延至公园西南端，是民众野餐、放风筝、玩球的好地方，纽约爱乐乐团每年夏季的露天音乐会也在此举行。

公园东侧是拉法次博物馆、旋转木马以及展望公园动物园。其中，拉法次博物馆由18世纪荷兰人遗留下来的农舍改建而成，展览19世纪早期的游戏与玩具。展望公园动物园于1993年10月5日开放，展出狒狒、小熊猫、袋鼠、海狮等80余种动物。

图7-9　草莓园

图7-10　爱丽丝梦游仙境的雕像

图7-11　保护水域

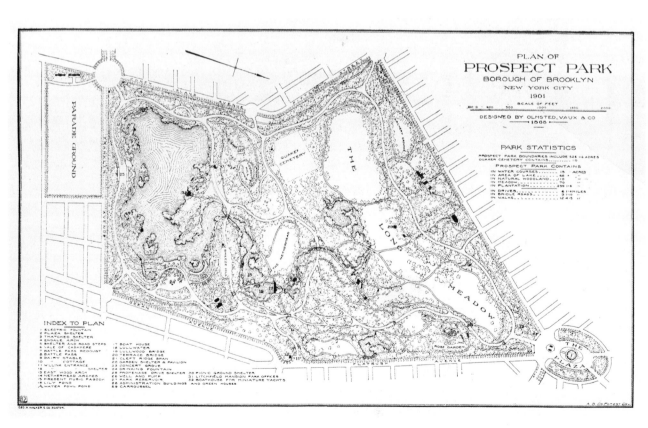

图7-12　展望公园平面图

图7-13 静水

图7-14 船屋

图7-15 静水桥

图7-16 大草坪

展望公园每年的春天总是吸引无数人前往赏花，园中有超过200棵、42种的樱花树，这些樱花通常会从每年的三月底一直开放到五月中，这里的首批樱花是第一次世界大战后日本政府送来的礼物，如今这里成为美国的最佳赏樱花胜地之一。位于樱花大道旁的日式庭园，是日本景观设计师设计的，集山丘、池塘、楼阁、神社、石灯、小岛、瀑布等日式庭园的要素。克莱佛玫瑰园出现于1928年，有5 000棵玫瑰，当中有许多是在1927年种植至今的，品种多达1 200种，包括迷你、野生、混种等，花期为每年的五月至十月，六月为最盛。此外，园中还有纪念莎士比亚的莎士比亚花园，其中有种满100多种热带莲花的水潭，以及混合多年生植物的温室，美不胜收。

7.3.3 美国城市公园的特征

由于美国城市人口的剧增，给美国社会造成了很大的压力，为了摆脱这种困境，城市公园应运而生。而在这些公园中，规模小者建有园路环绕着的足球场或其他运动场，有浅水池的儿童乐园、游泳场；比较大型的公园则有划船设备以及中央大厅和私人聚会的俱乐部。

美国人酷爱野外运动和竞技活动，人们需要宽阔而平坦的场地举行祭祀活动和进行各类运动、比赛。所以，在公园中运动用地逐渐成为必不可少的场地。由于城市公园的这些功能要求，使公园逐渐倾向于规则式设计。

随着城市公园运动而兴起的是筑造陵园的运动。促使该运动的原因很多，即土地价格较低廉，民众对自然主义的庭院设计颇感兴趣，还有就是人们需要借助陵园来表达对死者的哀思。

在奥姆斯特德逝世后不久，有两种情况的出现导致了公园形式的变化：一是美国的城市人口膨胀和产业制度的建立；二是新的旅客交通工具的投入使用。因此，要求城市公园必须占地不多且要具备很高的综合性。

图7-17 黄石国家公园地图

图7-18 间歇泉

图7-19 大棱镜

图7-20 黄石大峡谷

7.4 美国国家公园

7.4.1 美国国家公园实例

美国国家公园是对于那些尚未遭到人类重大干扰的特殊自然景观、天然动植物群落、有特色的地质地貌加以保护而建立的国家级公园。

（1）黄石国家公园

黄石国家公园坐落于美国怀俄明州、蒙大拿州和爱达荷州的交界处，大部分位于美国怀俄明州境内（图7-17）。

黄石国家公园是世界上第一座认证国家公园，也是世界上最壮观的国家公园之一。公园共有东、南、西、北及东北5个入口，分5个区：西北的马默斯温泉区以石灰石台阶为主，故也称热台阶区；东北为罗斯福区，仍保留着老西部景观；中间为峡谷区，可观赏黄石大峡谷和瀑布；东南为黄石湖区，主要是湖光山色；西及西南为间歇喷泉区，遍布间歇喷泉、温泉、蒸气、热水潭、泥地和喷气孔。其中最著名的景点有气势宏伟的老忠实间歇泉、五彩斑斓的大棱镜、宁静的黄石湖、奔流直下的黄石瀑布、壮丽的黄石大峡谷、美丽的巨象温泉。此外，作为全美最大的野生动物保护区，黄石公园居住着大量的野生动物，其中最多的是成群的美洲野牛，时常还能看到麋鹿和羚羊。

①间歇泉（图7-18）。黄石国家公园内有温泉3 000多处，其中间歇泉300处，许多喷水高度超过30米。"蓝宝石喷泉"水色碧蓝。"狮群喷泉"由4个喷泉组成，水柱喷出前发出像狮吼的声音，接着水柱射向空中。最著名的"老忠实泉"因很有规律地喷水而得名，从它被发现到21世纪的100多年间，每隔33~93分钟喷发一次，每次喷发持续四五分钟，水柱高40多米，从不间断。

②大棱镜（图7-19）。公园内的大棱镜温泉，是美国最大、世界第三大的温泉。它宽75~91米，深49米，每分钟大约会涌出2 000升、温度为71°C左右的地下水。大棱镜温泉的美在于湖面的颜色随季节而改变：春季，湖面从绿色变为灿烂的橙红色；在夏季，显现橙色、红色或黄色；到了冬季，水体呈现深绿色。

③黄石大峡谷（图7-20）。黄石大峡谷位于钓鱼桥和高塔之间，由黄石湖流出的河水，流经大约38千米地带所形成的险峻峡谷，就通称为黄石大峡谷。这里是黄石公园最壮丽、最华美的景色，97千米长的黄石河是"美国境内唯一没有水坝的河流"。在这里，河水陡然变急，四溅的水花形成两道壮丽的瀑布，轰鸣着泄入大峡谷。这两个瀑布一个有130米高，这是上瀑布；另一个有100米高，称为下瀑布。

（2）大峡谷国家公园

大峡谷国家公园位于美国西部亚利桑那州西北部的科罗拉多高原上。

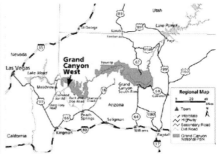

图7-21　大峡谷国家公园效果图与平面图

图7-22　大峡谷国家公园奇特景观

大峡谷大体呈东西走向，东起科罗拉多河汇入处，西到内华达州界附近的格兰德瓦什崖附近。形状极不规则，蜿蜒曲折，迂回盘旋，峡谷顶宽为6千米～30千米，往下收缩成V形（图7-21）。两岸北高南低，最大谷深1 500米以上，谷底水面宽度不足千米，最窄处仅120米，峡谷的奇特景色，浩瀚气魄、举世无双（图7-22）。由于河水的冲刷，河谷地层在结构、硬软上的差异，致使漫长的峡谷，百态杂陈，有的地方宽敞，有的地方狭隘；有的地方尖如宝塔，有的地方堆如础石；有的如奇峰兀立，有的如洞穴天成。人们根据形象特征，分别冠以神话名称，如狄安娜神庙、波罗门寺宇、阿波罗神殿等。尤其是谷壁地层断面，节理清晰，层层叠叠，就像万卷诗书构成的曲线图案，缘山起落，循谷延伸。从谷底向上，沿崖壁出露着从前寒武纪到新生代的各个时期的岩系，水平层次清晰，并含有代表性生物化石，被称为"活的地质史教科书"（图7-23至图7-25）。

7.4.2　美国国家公园的特征

美国的公园建设在不断吸取各国园林优点，结合本国园林特点的基础上，创建出了自己特有的风格，如公园类型多样化、保护形式不断创新、注重天然景观的组织、公园的规模宏大等。具体体现在以下两个方面：

①从全国性来讲，它是某特定类型资源中的杰出典型；它在解释国家遗产的自然或文化主题方面具有极高价值；它为公众利用、欣赏或科学研究提供了最佳样板；它保留下了高度完整的具备真实性、准确性和破坏小的资源典型。

②从区域性来讲，它是广泛存在的地形和生物分布区的杰出地域；它是正在逐步消失、残存的自然景观或生物区域；它长期以来一直是某地或全国极其

图7-23　峡谷地层结构

图7-24　千姿百态的土堆

图7-25　科罗拉多河穿过峡谷

特殊的地形或生物区域；它具有极丰富的生态成分多样性或地质特征多样性；它因生物物种或群落在特定区域的自然分布而具有特别意义；它是稀有植物和动物集中分布的区域，特别是那些经官方认定的濒危物种；它是保证某物种继续繁衍的关键避难所；它拥有稀有的或数量特别大的化石贮存；它包含具极高风景品位的资源，如出神入化的地貌特征、特殊的地形或植被对比、壮观的海景或其他特殊的景观特征；它因保留着丰富而长期的科研记录，成为极其重要的生态或地质基准点。

7.5 美国造园技术思想的当代借鉴

美国园林的发展是一个多元化的趋势，它从来就不是一种统一的现象，而是一种组合许多细流的发展过程。可以看到，虽然近百年来，各种风格和流派层出不穷，但现代主义的主流始终没有改变，现代园林的泉流仍在延伸着，被丰富、被手法化、被地方化，并与它的传统进行交融。在美国第一代园林开拓者中，除了托马斯·丘奇于1978年逝世外，其他如埃克博、丹·凯利、杰里科等人在20世纪80年代甚至90年代初仍活跃在风景园林的舞台上，他们在继续他们年轻时开创的风格的同时，随着时代的变化和阅历的增加，也不断地做一些调整和补充，使现代园林的主流不断前进。同时，年轻一代的风景园林师劳伦斯·哈普林、佐佐木·英夫，甚至更近一些的如麦克·哈格、马萨·施瓦茨等人，不断地为现代园林注入新的内容。

美国现代园林在发展过程中，不断地与其他一些艺术和学科进行交流，形成新的分支。麦克·哈格的理论，体现了生态学思想对风景园林的渗透。一批涉足风景园林的建筑师和艺术家，如野口勇、查尔斯·摩尔、伯纳德·屈米等人，没有被园林的旧有思想所困扰，而是吸取更广泛的思想和概念，采取了现代园林革新的初步行动。所有这些，为现代园林的发展注入了新的活力，使它具有新的内涵和更强盛的生命力。

今天，现代园林的概念已极其广泛，从传统的花园、庭院、公园，到城市广场、街头绿地、大学和公司园区，以及国家公园、自然保护区、区域规划等，都属风景园林的范畴。今天的美国园林，呈现一种多元化的发展趋势：是分支结构的而不是收敛聚集的，是多元价值论的而不是普世价值论的。

【拓展训练】
1.美国多文化融合的特点，对美国园林的发展有哪些影响？
2.掌握"奥姆斯特德原则"。
①要结合场地的自然景观、地形及植被特点，设计自然和谐的城市公园；
②在满足人们物质和精神需求的同时，公园应具备完善的市政基础设施；
③公园中心区应确保大规模的草地，所有自然及人工景观的细部设计都应服从公园总体设计的要求，园内不同功能的用地要彼此分开并相互独立；
④要让公园的景观效果看起来比实际尺度更加开阔；
⑤在种植上应选用乡土树种，特别是公园边缘的茂密种植带；
⑥除了用地非常有限的情况下，公园应尽量避免采取规则式构图，园路应采取流畅的曲线形，所有园路都应成环，并以主园路划分出不同的区域。

8 欧洲近代园林（19—20世纪）

【课前热身】

了解19世纪以后西方园林的发展。

【互动环节】

针对上一课的提问进行答疑。

8.1 背景介绍

18世纪后期至19世纪初，英国的产业革命（1760—1830）给英国的社会、经济、思想、文化各领域都带来了巨大的冲击。在工业化和资本主义经济迅速发展的进程中，伴随着产生了从事体力劳动的工人阶级和占有资本财富、工厂、矿山的资产阶级，形成了新的社会结构。同时，大量农民从农村涌入城市，加入工人阶级的行列之中，导致了城市人口剧增，城市不仅数量增加，其用地也不断扩大。这种自发的缺乏合理规划的城市迅猛发展，相继带来了许多新的矛盾，城市中环境优美、舒适的富人区与拥挤、肮脏、混乱的贫民窟形成鲜明对比，城市住宅、交通、环境等问题都亟待解决。

英国是最早开始产业革命的国家，此后，产业革命的浪潮逐渐波及欧洲大陆其他国家，如比利时、法国以及稍后的德国等都相继步英国之后尘，工业开始蓬勃发展。法国大革命的胜利也振奋了全欧洲，与此同时，美国于1776年宣布独立，至1783年美国独立战争结束后，经济迅速发展，并吸引了大量移民，随之城市也开始兴盛。这些国家的社会变革，大大改变了城市面貌，同时，也赋予园林以全新的概念，产生了在传统园林影响之下，却又具有与之不同的内容与形式的新型园林。

由于资产阶级革命导致欧洲君主政权的覆灭，不少以前归皇家所有的园林逐步开始对平民开放。18 世纪，英国皇室首先开放了在伦敦的狩猎园。原是法国皇家狩猎地的巴黎郊外的布劳涅林苑，几经改造后，也以其自然式的优美景观向游人开放，尤以其建在隆尚平原上的跑马场吸引了大量巴黎居民。在伦敦和巴黎市区里开放的一些原属皇家的园林，成为当时上流社会不可或缺的交际舞台，也是公众聚会的场所，起着类似公众俱乐部的作用。

近代园林诞生的新型园林：

（1）城市公园。多由位于城市中心及周围地区的原皇家园林改造而成，是向市民开放的公园，也有一部分属于国家在城市及郊外新建的公共园林。

（2）动物园。多由原皇室猎苑改造而成并向市民开放的公园，也有一部分是国家在野生动物聚栖且交通便利之地新建的供人们观赏的动物园。

（3）植物园。是利用原来的各种园林或新建园林，以观赏各种植物景观兼教学科研为目的，并向公众开放的园林。

8.2 英国城市公园的兴起

（1）肯辛顿公园

肯辛顿花园位于伦敦市中心的西部，面积为1.11平方千米，与海德公园相连接，因此公众经常将肯辛顿花园与海德公园视为一体（图8-1）。

肯辛顿公园原为肯辛顿宫的花园，维多利亚女王（Queen Victoria，1837—1901在位）于1819年5月24日在此宫出生。花园在宫的东部展开，园中有美丽宽阔的林荫道及大水池，还有喷泉和纪念性雕像。东北面以长条形水面为界，与对岸的海德公园相邻，河上有桥连接两园。两园的总面积达2.49平方千米，是伦敦最大的皇室园林（图8-2至图8-4）。

（2）摄政公园

摄政公园位于伦敦市中心的西北端，是伦敦最大的可供户外运动的公园。

摄政公园所在地原为一片荒芜的林地，后改建成公园（图8-5、图8-6）。园中有自然式水池，池中有岛，水中可划船；岸边园路蜿蜒曲折，

图8-1　肯辛顿公园全景

图8-2　肯辛顿公园景观

图8-3　肯辛顿公园一角

图8-4　肯辛顿宫

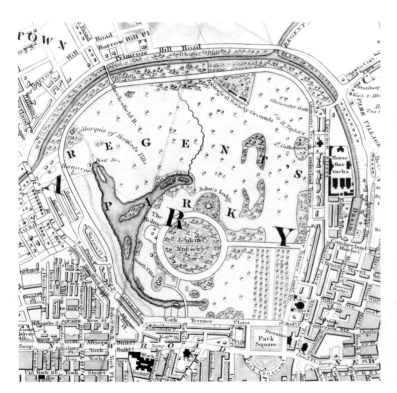

图8-5　摄政公园平面图

图8-6 摄政公园全景

图8-7 摄政公园小品

草地上成丛的树木疏密有序，处处景色各异；园中还有竞技场、供聚会活动的草地；在园中园的玛丽王后花园中设置了露天剧场；园的西部还划出了一块三角形的园地做动物园。此园中既有笔直的林荫道，也有圆弧形道路及弯曲的小径，园内的设施也最为丰富（图8-7、图8-8）。

（3）波德南园

波德南园是建于19世纪的一座英国花园，位于威尔士的康威河谷地带。园址为一片山坡，地形起伏，还有山谷、溪流，环境优美。园中地势东高西低，花园规划成两大部分，即北部的规则式园林和南部的自然式园林。北部花园顺地势由东向西辟有几个台层，逐层下降，呈规则式布置，颇有意大利文艺复兴早期的风貌。花园南部基本保留了原地形，这里流水潺潺、杜鹃怒放、林木森然，景色古朴自然（图8-9、图8-10）。

图8-8　摄政公园园路及景观

图8-9　波德南园台地中间的装饰

图8-10　最底台层上的水池

8.3 法国城市公园的兴起

（1）布劳涅林苑

布劳涅林苑西边是向北流的塞纳河，东边是巴黎的富人区——十六区，北临最富庶的塞纳河畔讷伊，南靠布劳涅-比扬古。

布劳涅林苑（图8-11）内有开阔的湖面、溪流、瀑布，仿圆木的小桥；路边点缀着亭、台、山石；林木葱茏中也有大片开阔草地和树影斑驳的疏林草地，还有由珍稀树种组成的色彩丰富的树丛，令人心旷神怡。这里基本上沿用了英国自然式园林的风格（图8-12、图8-13）。

（2）香榭丽舍园

香榭丽舍园位于巴黎市区西北部的第八区。

香榭丽舍田园大道始建于1616年，当时的皇后玛丽·德·梅德西斯决定把卢浮宫外一处沼泽地改造成一条绿树成荫的大道。因此在那个时代香榭丽舍被称为"皇后林荫大道"（图8-14）。17世纪中叶，凡尔赛宫的风景设计师勒·诺特尔在对卢浮宫前的杜乐丽花园的重新设计中延伸了花园中心小路的长度，新的林荫道从卢浮宫出发直至现今的香榭丽舍圆形广场。太阳王路易十四可顺着这条无任何建筑物遮挡的道路观看每天消逝在西方地平线上迷人的晚霞落日。1709年两旁植满了榆树的中心步行街的建成勾勒出了香榭丽舍的最初雏形。这条街道也成了当时巴黎城举行庆典和集会的主要场所。1724年，昂丹公爵和玛雷尼侯爵接手了皇家园林，之后他们完成了香榭丽舍的全线规划工作，从此香榭丽舍成为巴黎最有威望、最重要也最具诱惑力的一条街道。1828年，这条大道的所有权全部收归市政所有，后来的设计师希托夫和阿尔方德改变了对香榭丽舍最初的规划方案，他们为香榭丽舍添加了喷泉、人行道和煤气路灯。香榭丽舍大道的演变史同巴黎的市政发展史紧密相连。

（3）苏蒙山丘公园

苏蒙山丘公园位于巴黎市区（图8-15），面积约0.25平方千米。1860年以前，这里曾是一处荒芜的山地，保留着中世纪的绞刑架。从1864年起经3年时间，人们在此兴建了多个景点，形成一座绘画式园林。从乌尔克运河引入

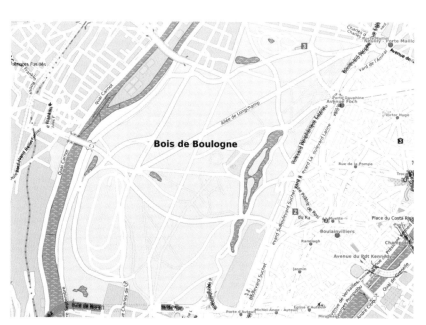

图8-11　布劳涅林苑平面图

图8-12　布劳涅林苑湖区景色

图8-13　布劳涅林苑中的小桥

图8-14　皇后林荫大道

图8-15 苏蒙山丘公园平面图

图8-16 湖中耸立着的山峰形成全园的中心

图8-17 自殉者之桥

的水源，形成溪流湖泊，围绕着四座山丘。还利用一个山丘上20多米高、布满钟乳石的山洞做成瀑布景观，水流跌入宽阔的人工湖内，构成壮丽奇观。湖中耸立着50多米高的山峰，山峰四周是悬崖峭壁，山顶建有圆亭，形成全园的中心（图8-16）。一座被称为"自殉者之桥"的悬索桥跨越山谷，将岛与湖岸联系起来（图8-17）。园中道路长达5千米，所经之处林木笼罩，景致迷人。

8.4 欧洲近代园林的特征

19世纪园林不像历史上每一阶段那样，均有其影响深远的独特风格，不论是产生背景、立意，还是内容、形式、功能，都与西方传统园林有着很大的差异，没有明显的继承性。

循着历史的发展脉络，19世纪的园林自然更多地承继了18世纪英国风景园林的风格特点，然而，在英国自然风景园处于顶峰时的布朗时代，已经开始有人反对了。他们认为布朗花费大量钱财创造的园林——这种起伏的草地、散生的树丛、自然流淌的河池，与自然本身并无多大差别，在英国大地上随处可见；还有一些怀旧之士则对布朗改造了所有规则式园林大为不满。此后，在雷普顿的作品中，已根据实际需要，在建筑旁保留了规则的平台、台阶、花坛、草坪，也以笔直的林荫道通向建筑了，而远离建筑处则为自然的林苑。这种规则式与自然式并存的做法在19世纪进一步得到巩固和发展。

在18世纪的英国风景园中，植物种类一般不很丰富，尤其在色彩上比较单调。我们现在所见到的一些英国风景式园林中绚丽多彩的植物，如各种颜色的杜鹃、漂亮的宿根花卉，以及月季园、鸢尾园中的花卉，多数为19世纪后新增加的种类。植物的引种驯化和大量建造植物园，也是19世纪园林发展的一个趋势。

植物种类的增加，无疑也丰富了园林的外貌，造园者开始更加重视园林中植物的作用。随着"回归自然"声浪的高涨，植物园中不仅按分类布置植物，科学地体现植物的进化过程，而且还按自然生态习性配置植物。因此，许多植物学家也加入造园家的行列中，同时，也要求造园家在植物学方面有更深的造诣。19世纪园林中的植物配置已逐渐形成一个专门的学科，植物配置要符合自然生态条件的要求，在花、叶的色彩，树木的体型、轮廓等方面，相互之间既要有对比，也要协调，并且强调与建筑的配合，还须注意到各种植物物候期的特点，这些设计原则对现代园林的影响也是十分明显的。

8.5 欧洲近代造园技术思想的当代借鉴

（1）从宏观规划讲

①提高公众参与性，体现人文精神

18世纪以来，英国的贵族庭园对平民开放，成为公共庭园，引起了大众的普遍关注，形成了城市公园的基础，这些城市公园为城市居民提供了集会和休闲的场地。对于现代园林来说也是一样的，城市公园要以公众的参与性为基础，充分考虑其功能，在最适合的地点安排设计。有人参与的园林才能算真正意义上的园林，没有人文精神的园林也只是摆设而已。

②美化城市

法国在沿城市主干道及居民拥挤的地区设置了开放式的林荫道或小游园，使巴黎的城市面貌在总体上得到了改善，如闻名于世界的香榭丽舍大道。结合了自然和商业的元素，打造出了法国独特的一道景观。

在现代，我们要注重的不仅仅是城市公园的设计，还要开阔视野，把设计运用到城市的各个地方，并善于结合其他元素。

（2）从设计角度看

①自然式设计

18世纪中叶，英国自然风景式园林影响着大多数西方国家，兴起一股自然园林热潮。全英国的园林舍弃掉几何式的格局，园林就像天然的牧场，以草地为主，生长着自然形态的老树，还有曲折的小河和池塘。如英国的摄政公园所在地原为一片荒芜的林地，后改建成公园，园中有自然式水池，岸边园路蜿蜒曲折，草地上成丛的树木疏密有序。

现代城市生活节奏快，建筑密度极大，如将英国自然风景式园林的设计理念运用在城市公园及城市街道里，用舒缓柔和的线条来连接公园，这样就会改善环境，为市民提供休憩、交往和游赏的场所。

②合理运用植被

纽约的中央公园利用原有的地形地貌和当地树种加外来树种来布置公园。例如，在中间布置几片大草坪来开阔视野，使游人可以观赏到不断变化的开敞景观；在公园的边界种植乔灌木，阻挡人们的视野，将公园与城市隔离。像这种合理运用植被来组成各种景观，且疏密有致的空间收放形式，值得我们学习。

【拓展训练】

近代城市公园的兴起对以后园林发展有什么影响？

9 西方现代园林（20世纪）

【课前热身】

了解现代景观中具有影响力的一些设计思潮，如后现代主义、极简主义、解构主义等。

【互动环节】

针对上一课的提问进行答疑。

9.1 西方现代园林发展概况

9.1.1 英国现代园林发展概况

19世纪中期，在英国以拉斯金（1819—1900）和莫里斯（1834—1896）为首的一批社会活动家和艺术家发起了"工艺美术运动"，工艺美术运动是由于厌恶矫饰的风格、恐惧工业化的大生产而产生的。因此在设计上反对华而不实的维多利亚风格，提倡简单、朴实、具有良好功能的设计，推崇自然主义和东方艺术。在工艺美术运动的影响下，欧洲大陆又掀起了一次规模更大、影响更加广泛的艺术运动——新艺术运动。

在英国现代园林史上影响比较大的景观设计师是唐纳德（Christopher Tunnard，1910－1979）。他于1938年完成的《现代景观中的园林》一书，探讨在现代环境下设计园林的方法，从理论上填补了这一历史空白。在书中他提出了现代园林设计的三个方面，即功能的、移情的和艺术的。

唐纳德的功能主义思想是从建筑师卢斯和柯布西耶的著作中吸取了精髓，认为功能是现代主义景观最基本的考虑。移情方面来源于唐纳德对于日本园林的理解，他提倡尝试日本园林中石组布置的均衡构图的手段，以及从没有情感的事物中感受园林精神所在的设计手法。在艺术方面，他提倡在园林设计中，处理形态、平面、色彩、材料等方面运用现代艺术的手段。

1935年，唐纳德为建筑师谢梅耶夫设计了名为"本特利树林"的住宅花园，完美地体现了他提出的设计理论。

9.1.2 法国现代园林发展概况

法国现代园林开始于1925年巴黎的"国际现代工艺美术展"，其中大概经历了20世纪上半叶的开拓实验、中叶的深入探索和现代风格形成、后半叶的成熟和多元化的几个时期。

新艺术运动最早出现于比利时和法国，分别称为"20人团"和"新艺术"。自然界的贝壳、花草枝叶、水旋涡等给了艺术家无限灵感，新艺术运动后来又发展成几个派别。20世纪的装饰运动是新艺术运动的发展和延伸，这个时期最著名的设计师是史蒂文斯和盖伍莱康（Gabriel Guevrekian，1900—1970）。史蒂文斯有名的作品就是在巴黎"国际现代工艺美术展"上的"混凝土的树"，盖伍莱康则以三角形庭院成为当时法国最具开拓性的几个设计师之一。开拓实验时期的园林主要是以小型庭院装饰为主，其特点是用建筑的语言来设计花园，有建筑式的空间布局，有明快的色彩组合以及细致的装饰。

20世纪30—60年代，法国进入规模城市建设时代，这个时期影响最大的有勒·柯布西耶，他提倡在现代花园中体现民主的设计思想，最有名的作品是1929年至1931年设计的萨伏伊别墅。1960年，法国政府批准成立城市规划中心，制定巴黎大区规划，其中最著名的是德方斯新城建设，被称为巴黎的"曼哈顿"。

20世纪70年代，巴黎停止了新城的建设，开始思考城市建设的过失，旧城改造进入了议事日程，出现了一批优秀的旧城改造项目。这个时期园林的总体特征是功能化的构图和交通组织，多以混凝土构成休憩的空间，园林景观显得僵化和机械。1975年至1980年是法国城市建设的又一个大发展时期，这个时期有许多项目建成，包括戴高乐机场、蓬皮杜文化中心等。凡尔赛高等园林学院的创立，使风景园林教学专业系统化，也使风景园林成为社会不可或缺的行业。涌现了一批杰出的风景园林师，如雅克·西蒙、米歇尔·高哈汝、贝尔纳·拉絮斯等。创造出了很多优秀的作品，如雅克·西蒙设计的汉斯市圣约翰佩尔斯公园、代斯内娱乐基地、维勒施迪夫和维勒华高速公路周边景观、普莱西·罗宾森的花园社区以及圣·德尼岛公园等。

20世纪80年代到20世纪末，法国的园林取得了突飞猛进的成就。1982年伯纳德·屈米设计的拉·维莱特公园，成为结构主义的代表作品。后来一大批设计师在历史园林、私家花园、城市景观、工农业废弃地、区域规划等方面进行了大量的卓越的工作，出现了百花齐放、百家争鸣的局面，展现了法国的文化精神。

9.1.3　德国现代园林发展概况

德国历史上并没有产生自己的园林文化，德国的传统园林风格多为吸收各个邻国的文化成果，而创造出精美绝伦的传统园林。在现代主义运动探索、形成与发展时期，德国扮演着重要角色。青年风格派、表现主义、桥社、蓝骑士、德意志制造联盟、包豪斯等思潮都产生于德国。然而第二次世界大战，德国遭受极大损坏，许多城市70%以上被毁。战后，联邦德国的建筑师、景观设计师开始振兴自己的设计事业和教育事业，重建被毁的城市。联邦德国通过举办"联邦园林展"的方式，重建城市与园林，通过园林展，在联邦德国建造了大批城市公园。

1809年比利时举办了欧洲第一次大型园艺展，从此形成了园林展览的初步概念。1907年，曼海姆市建城300周年，举办了大型国际艺术与园林展览。1951年，在汉诺威举行了第一届联邦园林展，成为德国大中型城市新建公园的起点。除了由大城市承办联邦园林展，各个州也会定期举办各种小型园林展，使小城市也可以通过园林展来建造公园。

1955年卡塞尔市举办的联邦园林展，马特恩修复了1.8平方千米的18世纪初建造的巴洛克园林卡尔斯河谷低地。

1969年多特蒙德园林展展园Westalen Park由设计师恩格贝格设计，他将这个重工业城市完全融入0.7平方千米的公园之中，园林中有大量的原始状态的原野草滩灌木丛。之后设计师们坚持规划设计大面积的原野地。1983年慕尼黑园林展在采石场的荒地上建造了西园，公园周边的山坡上是各种休息和活动的场地及小花园，建园时由于距展览开幕只有4年时间，所以园中种植了

7 000株20~40年树龄的大树，今天公园更是林木葱茏。1997年联邦园林展场地盖尔森基兴北星公园，设计师更新了受污染的表层土壤，由此塑造了大地艺术般的地形，直线的道路强化了地形，工业设施都成为公园的标志。

联邦园林展之后，因展览而建造的公园在功能上进行了一定程度的改变，主要分为三类公园：风景园、休憩园和假日园。如1979年由汉斯雅克布兄弟设计的波恩莱茵公园等。

1980年后，德国通过工业废弃地的保护、改造和再利用，完成了一批对世界产生重大影响的建设工程，非常典型的是德国鲁尔工业区，如埃姆舍公园、北杜伊斯堡风景园、萨尔布吕肯市港口岛公园、海尔布隆市砖瓦厂公园等。

德国现代园林的特点，首先是生态绿色的设计思想，表现在能源与物质循环利用、对土壤的生态处理以及水体净化与循环利用等。如埃姆舍公园，把原有材料或设施改造成展览馆、音乐厅、画廊、博物馆以及办公、运动健身与娱乐建筑。其次是理性主义色彩浓厚，表现在严谨的设计风格、丰富的细节以及对材料的重视和发掘。例如慕尼黑机场第二航站楼旁的停车库前花园，就是利用简洁的人工几何地形来表现巴伐利亚的乡村景观，塑造出有韵律的、雕塑般的地面变化。最后是民众的参与性。德国民主制度的确立和法律法规的日益完善，民主观念的强化，为园林设计的民主性提供了保证。

总之，由于严谨的民族性格、对战争的深刻反思、生态观念的普及、社会民主制度的完善，加上拥有上千年的园林景观设计历史以及经验，形成了独特的德国景观设计思想。

9.1.4 美国现代园林发展概况

1909年，小奥姆斯特德在哈佛大学开设景观专业，这是世界上开设的第一个景观设计专业。1939年哈佛大学又开设城市规划专业。后来，出现了"哈佛革命""加州花园"运动等。经过几代设计师的努力，美国的园林景观行业得到了长足的发展，出现了一大批优秀的景观设计师，其中有托马斯·丘奇（Thomas Church 1902—1998）、盖瑞特·埃克博（Garrett Eckbo，1910—2000）、丹·凯利（Dan Kiley 1912—）、詹姆斯·罗斯（James·C.Rose）、劳伦斯·哈普林（Lawrence Halprin 1916—）和佐佐木英夫、罗伯特·泽恩等，他们在全世界范围内做出了许多优秀的案例和成绩。其中，影响最大的两位设计师是托马斯·丘奇和劳伦斯·哈普林。

托马斯·丘奇是20世纪美国现代景观设计的奠基人之一，是20世纪少数几个能从古典主义和新古典主义设计完全转向现代园林设计的设计师之一。托马斯·丘奇是"加州花园"运动的开创者。20世纪40年代，在美国西海岸，私人花园盛行，这种户外生活的新方式，被称为"加州花园"，它是一个艺术的、功能的和社会的构成，具有本土的、时代性和人性化的特征，它使美国花园的历史从对欧洲风格的复兴和抄袭转变为对美国社会、文化和地理的多样性的开拓。丘奇的"加州花园"设计风格平息了规则式和自然式的斗争，创造了与功能相适应的形式，使建筑和自然环境之间有了一种新的衔接方式。丘奇在40年的实践中设计了近2 000个园林，其中最著名的作品是1948年的唐纳花园。1951年，丘奇获得美国景观设计学会金奖。1955年，出版著作《园林是为人的》，总结了他的思想和设计。

劳伦斯·哈普林是新一代的优秀景观规划设计师，是第二次世界大战后美国景观规划设计最重要的理论家之一。他视野广阔，视角独特，感觉敏锐，从音乐、舞蹈、建筑学及心理学、人类学等学科吸取了大量知识，这也是他具有创造性、前瞻性和与众不同的理论系统的原因。哈普林最重要的作品是1960年为波特兰大市设计的一组广场和绿地，该广场是由爱悦广场、伯蒂格罗夫公园、演讲堂前厅广场组成，它由一系列改建成的人行林荫道来连接。在这个设计中充分展现了他对自然的独特的理解。他依据对自然的体验来进行设计，将人工化了的自然要素插入环境，无论从实践还是理论上来说，劳伦斯·哈普林在20世纪美国的景观规划设计行业中，都占有重要的地位。

美国在城市绿地建设取得了很大的成绩，总结起来有以下的特点：完善的绿地系统规划、严格的立法与管理基础、城乡一体化的绿地系统、精细的植物栽培和养护管理、丰富的历史文化内涵和艺术效果、良好的生态景观和社会效应。

9.2　西方现代园林主要流派、代表人物及作品

9.2.1　现代主义

现代主义受现代艺术的影响深远，现代艺术的开端是马蒂斯开创的野兽派，野兽派艺术追求更加主观和强烈的艺术表现，对西方现代艺术产生了深远的影响。其特点是提倡简洁的线条、几何形体的变化和明亮的色彩。在园林方面表现为自由的平面与空间布局、简洁明快的风格、丰富的设计手法。第二次世界大战以后，现代主义在全世界传播开来，出现了劳伦斯·哈普林、盖瑞特·埃克博、托马斯·丘奇、罗伯特·布雷·马克思等一批现代主义园林设计大师。

9.2.2　后现代主义

后现代主义是指在反现代主义的过程中形成于20世纪60年代，发展于70年代，成熟于80年代的一股设计思潮。普通意义上说，后现代主义设计指的是在现代主义、国际主义设计上大量利用古典装饰元素进行折中主义式装饰的一种设计风格。

（1）代表人物

①罗伯特·文丘里（Robert Venturi）

第一个向现代主义宣战的是美国建筑师罗伯特·文丘里（图9-1）。1966年，罗伯特·文丘里发表了他的《建筑的复杂性与矛盾性》一书，在书中，罗伯特·文丘里首先肯定了现代主义对于设计的贡献，然后，大胆地提出了与现代主义不同的观点，对现代主义思想中的国际主义风格进行了无情的抨击，该书被认为是"继1923年勒·科布西耶的《走向新建筑》之后的又一部里程碑式的重要著作"。文丘里指出国际主义风格已经走到了尽头，成了设计师才能发挥的桎梏，必须找到一种全新的、不同于现代主义的设计思想，来满足社会生活多样化的需求，摒弃国际主义风格的一元性和排他性，创建建筑的复杂性和矛盾性体系。他的这种言论和主张，在启发和推动后现代主义的运动中起到了航标灯的作用。

②查尔斯·詹克斯（Charles Jencks）

查尔斯·詹克斯（图9-2），是第一个将后现代主义引入设计领域的美国建筑评论家。1977年他出版了《后现代主义建筑语言》，总结了后现代主义的六种类型和特征：历史主义、直接的复古主义、新地方风格、因地制宜、建筑与城市背景相和谐、隐喻和玄学及后现代空间。

图9-1 罗伯特·文丘里

图9-2 查尔斯·詹克斯

图9-3 查尔斯·摩尔

图9-4 新奥尔良市意大利广场

（2）主要作品

①新奥尔良市意大利广场

新奥尔良市意大利广场位于新奥尔良市意大利人社区中心。

建筑师查尔斯·摩尔（图9-3）1974年设计的新奥尔良市意大利广场是典型的后现代主义作品。广场地面吸收了附近一幢大楼的黑白线条，处理成同心圆图案，中心水池将意大利地图搬了进来。广场周围建了一组无任何功能，漆着耀眼的赭、黄、橙色的弧形墙面。罗马风格的科林斯柱式、爱奥尼柱式使用了不锈钢的柱头，五颜六色的霓虹灯勾勒了墙上的线脚，不锈钢的陶立克柱式、喷泉形成的塔斯干柱式，以及墙面上的一对摩尔本人的喷水的头像，充满了讽刺、诙谐、玩世不恭的意味，这是一个典型的用后现代主义的符号拼贴的大杂烩（图9-4）。

②巴黎雪铁龙公园

公园位于巴黎西南角，濒临塞纳河，占地0.45平方千米，是利用雪铁龙汽车制造厂旧址建造的大型城市公园。

1922年建成的巴黎雪铁龙公园带有明显的后现代主义的特征。雪铁龙公园原址是雪铁龙汽车厂的厂房（图9-5），公园以三组建筑来组织空间，这三组建筑相互间有严谨的几何对位关系，它们共同限定了公园中心部分的空间，同时又构成了一些小的系列主题花园。第一组建筑是位于中心南部的7个混凝土立方体，设计者称之为"岩洞"（图9-6），它们等距地沿水渠布置。与这些岩洞相对应的是在公园北部中心草坪的另一侧的7个轻盈的、方形玻璃小温室，它们是公园的第二组建筑。这些小温室在雨天也可以成为游人避雨的场所。岩洞与小温室一实一虚，相互对应。第三组建筑是公园东部的两个形象一

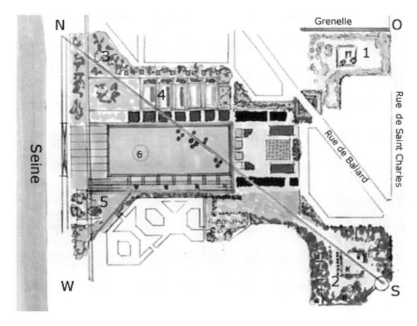

图9-5 巴黎雪铁龙公园平面图

图9-6 "岩洞"

致的玻璃大温室，尽管它们体量高大，但是材料轻盈通透，比例优雅，所以并不显得特别突出。

公园中主要游览路线是对角线方向的轴线，它把公园分为两个部分，又把园中各个主要景点联系起来（图9-7）。这条游览路虽然是笔直的，但是在高差和空间上却变化多端，所以并不感觉单调。两个大温室作为公园中的主体建筑（图9-8），如同法国巴洛克园林中的宫殿；温室前下倾的大草坪又似巴洛克园林中宫殿前下沉式大花坛的简化，大草坪与塞纳河之间的关系让人联想起巴黎塞纳河边很多传统园林的处理手法；大水渠边的6个小建筑是文艺复兴和巴洛克园林中"岩洞"的抽象；系列园中的跌水如同意大利文艺复兴园林中的水链，林荫路与大水渠更是直接引用巴洛克园林造园要素；运动园体现了英国

图9-7 巴黎雪铁龙公园

图9-8 大温室

风景园的精神；黑色园则明显地受到日本枯山水园林的影响。6个系列花园面积一致，均为长方形，每个小园都通过一定的设计手法及植物材料的选择来体现一种金属和它的象征性的对应物。

9.2.3 解构主义

解构主义是对现代主义正统原则和标准批判地加以继承，运用现代主义的语汇，颠倒、重构各种既有语汇之间的关系，从逻辑上否定传统的基本设计原则（美学、力学、功能），由此产生新的意义。用分解的观念，强调打碎、叠加、重组，重视个体、部件本身，反对总体统一而创造出支离破碎和不确定感。

（1）代表人物

伯纳德·屈米（Bernard Tschumi），1944年出生于瑞士，1969年毕业于苏黎世联邦工科大学（图9-9）。屈米从20世纪70年代到80年代，分别在伦敦建筑联盟学院（AA）、普林斯顿大学等执教，在纽约和巴黎成立事务所，长期担任哥伦比亚大学建筑学院院长。1983年赢得国际设计竞赛的巴黎拉·维莱特公园，是他最早实现的作品。另外，屈米有很多的理论著作并举办过多次展览。他鲜明独特的建筑理念对新一代的建筑师产生了极大的影响。在他作为建筑师、理论家和教育家的职业生涯中，伯纳德·屈米的作品重新定义了建筑在实现个人和政治自由中的角色。自20世纪70年代起，屈米就声称建筑形式与发生在建筑中的事件没有固定的联系。他的作品强调建立层次模糊、不明确的空间。在屈米的理念中，建筑的角色不是表达现存的社会结构，而是作为一个质疑和校订的工具存在。

（2）主要作品

拉·维莱特公园坐落在法国巴黎市中心东北部，占地0.55平方千米（图9-10）。

拉·维莱特公园是纪念法国大革命胜利200周年建造的九大工程之一，1974年以前，这里还是一个有百年历史的大市场，当时的牲畜及其他商品就是由横穿公园的乌尔克运河运送。公园在建造之初，它的目标就定为：一个属于21世纪的、充满魅力的、独特并且有深刻思想意义的公园。它既要满足人们身体上和精神上的需要，同时又是体育运动、娱乐、自然生态、科学文化与艺术等诸多方面相结合的开放性的绿地，并且，公园还要成为各地游人的交流场所。建成后的拉·维莱特公园向我们展示了法国的优雅、巴黎的现代与热情奔放，具体在音乐、绘画、雕塑等方面进行体现。

乌尔克运河把公园分成了南北两部分，北区展示科技与未来的景象，南区以艺术氛围为主题。屈米用点、线、面三种要素叠加，相互之间毫无联系，各自可以单独成一系统（图9-11）。点要素就是26个红色的点景物（folie），这些点出现在120米×120米的方格网的交点上，有些仅作为点的要素存在，有些作为信息中心、小卖部、咖啡吧、手工艺室、医务室之用（图9-12）。线的要素有长廊、林荫道和一条贯穿全园的弯

图9-9　伯纳德·屈米

图9-10　拉·维莱特公园全景

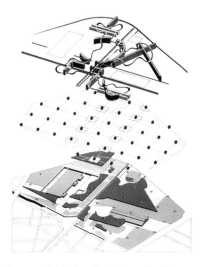

图9-11　屈米用点、线、面三种要素叠加

图9-12　红色的folie

弯曲曲的小径，这条小径联系了公园的10个主题园，也是公园的一条最佳游览路线。面的要素就是10个主题园，包括镜园、恐怖童话园、风园、雾园、竹园等。其中的沙丘园、空中杂技园、龙园是专门为孩子们设计的。沙丘园把孩子按年龄分成了两组，稍微大点的孩子可以在波浪形的塑胶场地上玩滑轮、爬坡等，波浪形的侧面有攀爬架、滚筒等（图9-13），还在有些地方设置了望远镜、高度各异的坐凳等游玩设施。小些的孩子在另一个区域由家长陪同，可以在沙坑、大气垫床以及边上的组合器械上玩耍。龙园有抽象龙形的雕塑在园中穿梭，孩子们可在上面玩耍。空中杂技园有许多大小各异的下装弹簧的弹跳圆凳，孩子们在上面蹦跳，会出现许多滑稽动作，为公园带来欢快、热闹的气氛。

9.2.4 极简主义

极简主义是一种以简洁几何形体为基本艺术语言的雕塑运动，是一种非具象、非情感的艺术，主张艺术是"无个性的呈现"，以极为单一、简洁的几何形体或数个单一形体的连续重复构成作品。极简主义是对原始结构形式的回归，回到最基本的形式、秩序和结构中去，这些要素和空间有很强的联系。大多数的极简艺术作品运用几何的或有机的形式，使用新的综合材料，具有强烈的工业色彩。

（1）代表人物

彼得·沃克（Peter Walker）（图9-14），1932年生于美国加州的帕萨德那，1955年毕业于加州大学伯克利分校，获景观设计学士学位，1957年获哈佛大学设计研究生院景观设计硕士学位，同年与佐佐木英夫共同创立了SWA景观设计公司。在20世纪六七十年代，作为SWA的主要负责人，沃克出色的设计能力就已经表现在各种规模和类型的工程上。沃克早期的作品表现为两个倾向：一是建筑形式的扩展，二是与周围环境的融合。沃克的极简主义景观在构图上强调几何和秩序，多用简单的几何体，或者是这些几何体的交叉和重叠。然而，沃克的极简主义并非是简单化的，相反，它使用的材料极其丰富，它的平面也非常复杂，但是极简主义的本质特征却得到充分体现。

（2）主要作品

①唐纳喷泉

唐纳喷泉位于哈佛大学一个步行道的交叉路口（图9-15），沃克在路旁用159块石头排成了一个直径为18米的圆形石阵，雾状的喷泉设在石阵的中央，喷出的细水珠形成漂浮在石间的雾霭，透着史前的神秘感。沃克说："唐纳喷泉是一个充满极简精神的作品。这种艺术很适合于表达校园中大学生们对于知识的存疑及哈佛大学对智慧的探索。"沃克的意图就是将唐纳喷泉设计成休息和聚会的场所，并同时作为儿童嬉戏的空间及吸引步行者停留和欣赏的景点（图9-16）。简单的设计所形成的景观体验却丰富多彩，喷泉伴随着天气、季节及一天中不同时间有着丰富的变化，成为体察自然变化和万物轮回的一个媒介。

②伯纳特公园

伯纳特公园坐落于美国得克萨斯州沃斯堡市，建成于1983年。

沃克用网格和多层的要素重叠在一个平面上来塑造一个不同于以往的公园（图9-17），他将景观要素分为三个水平层：底层是平整的草坪层；第二层是道路层，由几何形网状的道路组成，道路略高于草坪，可将阴影投影在草坪

图9-13　波浪形的塑胶场地

图9-14　彼得·沃克

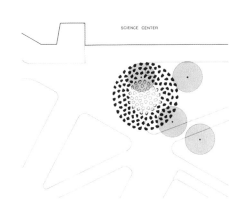

图9-15　唐纳喷泉平面图

图9-16　唐纳喷泉

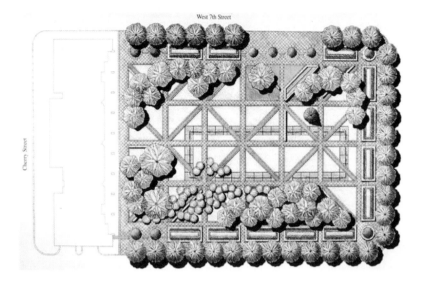

图9-17　伯纳特公园平面图

图9-18　伯纳特公园草坪

图9-19　喷泉

上（图9-18）；第三层是偏离公园中心的由一系列方形水池并置排列构成的长方形的环状水渠，是公园的视觉中心。草坪上面散植的一些乔灌木，在严谨的平面构图之上带来空间的变化。水渠中有一排喷水柱（图9-19），为公园带来生动的效果，每当夜晚来临，这些喷泉柱如同无数只蜡烛，闪烁着神秘的光线，引人遐想。作为传统意义上的公园，伯纳特公园有草地、树木、水池和供人们坐、躺与玩耍的地方；作为公共的城市广场，它有硬质的铺装供人流聚集，有穿越的步行路，有夜晚迷人的灯光，同时它又是城市中心区的一个门户。

9.2.5 生态设计思潮

（1）代表人物

①伊恩·伦诺克斯·麦克哈格（Ian Lennox McHarg）

伊恩·伦诺克斯·麦克哈格（图9-20），英国著名园林设计师、规划师和教育家，世人公认的生态主义园林的先驱——生态设计之父。麦克哈格于1920年11月20日出生在苏格兰克莱得班克地区，2001年3月5日去世。他的青年时代是在英国度过的，他一直在英国军队里服役，后被授予上校军衔，直到第二次世界大战结束后，麦克哈格前往美国求学。1955年，麦克哈格牵头创立了宾夕法尼亚大学风景园林设计及区域规划系，并担任了多年的系主任。1960年至1981年，麦克哈格和设计师威廉、罗伯特及托德合伙成立了一家设计事务所。

大约在20世纪60年代末，美国的经济繁荣时期已经过去，自然和城市环境遭到迅速发展的工业的严重破坏，加上后来的石油危机，这都使人们开始关注自己周围的环境。1969年麦克哈格率先扛起生态规划的大旗，在其著作《设计结合自然》中首次提出了运用生态主义的思想和方法来规划和设计自然环境的观点，建立起了当时景观规划的准则，使景观设计师成为当时正处于萌芽阶段的环境运动的主要力量，标志着景观规划设计专业承担起第二次世界大战后工业时代人类整体生态环境规划设计的重任。他认为："在设计建造一座城市的时候，自然与城市两者缺一不可，设计者需要着重考虑的是如何将两者完美地结合起来。"

②彼得·拉兹（Peter Latz）

彼得·拉兹是德国当代著名景观建筑师（图9-21）。1964年毕业于慕尼黑韦恩斯蒂芬技术学院的景观设计专业，然后在亚琛技术学院继续学习城市规划和景观设计。1968年建立了自己的景观设计事务所，并在卡塞尔大学任教。1983年拉兹在卡塞尔市建造了自己的住宅，这是一处以太阳能为主的生态住宅。拉兹在一系列实践项目中体现出对先前那种保守平庸造园思想的挑战，因而获得了德意志联邦景观建筑师奖。

（2）主要作品

①北杜伊斯堡景观公园

北杜伊斯堡景观公园占地面积2.3平方千米，由彼得·拉兹主持设计。公园最大的特点是既保留了原来的设施，又通过新元素的添加，创造出了独特的工业景观。公园受后现代主义的影响较深，同时还吸收了大地艺术思想，运用了生态技术，解决了这一地区就业、环境、居住和经济发展等诸多问题，为世界其他旧工业区的改造树立了典范（图9-22）。

景观公园可进行参观游览、信息咨询、餐饮、体育运动、集会、表演、

图9-20 伊恩·伦诺克斯·麦克哈格

图9-21 彼得·拉兹

休闲、娱乐等多种活动。老厂房改造成了博物馆，煤气储罐改造成了欧洲最大的人工潜水中心（图9-23），原来储存矿石和焦炭的料仓，改造为能进行攀岩、儿童活动、展览等综合活动的场所（图9-24）。中心动力站是厂区内最大的建筑物，改造为多功能大厅，用于举办国际性的展览、会议、音乐会等大型公共活动。

在对水的处理上，公园安装了一套新的净水系统，通过对建筑和地面的雨水收集，流入冷却池，进行净化，再利用风能水泵将水抽出流到公园各处，形成不同的水景。水渠两岸栽植了自由生长的植被，每隔一段距离布置台阶和平台以满足游人亲水的需求。道路系统中最有特色的是对高达12米的高架铁路的运用，这是大地艺术作品的完美展示。该层次不仅形成了独特的景观视野，而且作为水平线元素将各个庞大的独立工业设施联结起来，丰富了公园道路系统，包括公园步行道和自行车路，将原来零散分布的城市街道整合成完整的交通系统（图9-25、图9-26）。

②西雅图煤气厂公园

公园位于美国西雅图市联合湖北部山顶，是在始建于1906年的西雅图煤气厂0.08平方千米的旧址上新建的公园。设计师哈格尊重基地现有的状况，从实际出发来设计公园，而不是把它从记忆中彻底抹去。工业设备经过有选择的删减，剩下的作为巨大的雕塑和工业考古的遗迹而存在。东部一些机器上被刷上红、黄、蓝、紫等鲜艳的颜色，有的覆盖在简单的坡屋顶之下，成为游戏室内的机械。这些工业设施和厂房被改建成餐饮、休息、儿童游戏等公园设施，原先被大多数人认为是丑陋的工厂保持了其历史、实用和美学价值（图9-27）。

对被污染的土壤的处理是整个设计的关键所在，表层污染严重的土壤虽被清除，但深层的石油精和二甲苯的污染很难除去。哈格建议通过分析土壤中的污染物，引进能消化石油精的酵素和其他有机物质，通过生物和化学的作用逐渐清除污染物。

由于土质的关系，公园中基本上是草地，而且凹凸不平，夏天会变得枯黄。哈格认为，万物轮回，叶枯叶荣是自然规律，应当遵循，没有必要花费昂贵的植物阻止这一现象。因而，公园不仅建造预算极低，

170

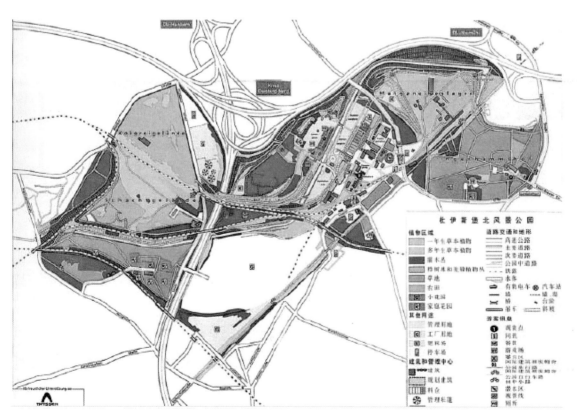

图9-22 北杜伊斯堡景观公园平面图

图9-23　把煤气储罐改造成了欧洲最大的人工潜水中心

图9-24　储存矿石和焦炭的料仓改造成为综合活动场所

图9-25　雨水收集系统

图9-26　北杜伊斯堡景观公园景观

图9-27　西雅图煤气厂公园景观

而且维护管理的费用也很少。这个设计在许多方面以生态主义原则为指导，不仅在环境上产生了积极的效益，而且对城市生活起到了重要作用。

9.2.6 大地景观

20世纪六七十年代，一些艺术家特别是雕塑家走出画廊，以牧场或荒漠等为媒介，创造出超大尺度的雕塑景观，因此产生了"大地景观"，亦称"大地艺术"（Land Arts）。代表的人物和作品有史密森（R. Smithson）的《螺旋形防波堤》、瓦尔特·德·玛利亚（Walter de Maria）的《闪电的原野》以及克里斯多（Christo）的《流动的围篱》等。

9.2.7 批判地域主义

传统意义上的地域主义是指吸收本地区民族和民俗的风格，体现出一定的地方特色的设计思潮。而批判性地域主义则是基于特定的地域自然特征、建构地域的文化精神和采用适宜技术经济条件建造的景观建筑。使用地方和场所的特殊性要素来对现代主义所强调的同一性和统一性加以弥补，改善及修复全球文化的影响和冲击。在园林领域，野口勇设计的与雕塑结合的园林、瑞卡多·雷可瑞塔设计的珀欣广场以及马里奥·谢赫楠的园林作品都带有批判地域主义的色彩。

9.3 西方现代园林的特征

西方现代园林发展风格呈现多元化的特点，园林与自然、社会、文化、技术、艺术高度融合，城市规划、建筑与园林三者紧密结合，专业设计师和公众的参与之间协调发展，从这些特征可看出西方现代园林发展的趋势。

（1）生态设计观念更加深入人心

在园林建设活动中人们不仅要考虑如何有效利用可再生资源，而且要将设计作为完善大自然能量循环的重要手段，充分体现自然的生态系统和运行机制。尊重场地的地形地貌和文化特征，避免对地形构造和地表肌理的破坏，注重继承和保护地域传统中因自然地理特征而形成的特色景观和人文风貌。从生命意义的角度出发，即尊重人的生命，尊重自然的生命，体现生命优于物质的理念。通过设计重新认识和保护人类赖以生存的自然环境，建构更加和谐的生态伦理。

（2）新的信息技术更加广泛地应用

随着信息技术的进一步发展，人们在造园活动中会及时地应用新的技术及方法来更好地为人类服务。例如根据人口、环境、资源的变化，及时采用相应的技术和管理手段来适应和调节人们对自然环境的需求，通过数量化手段分析环境潜力与价值，实现设计的精确化、数量化、严密化，以达到预定的环境目标；利用高科技创造互动式的景观体验，创造微气候环境，根据人的舒适度调整日光辐射、气温、空气流动、湿度等环境条件；模仿生态系统的结构，通过动力装置、光纤传感、计算机程序和"智能型"材料对环境做出相应反应；利用高科技创造有"感觉器官"的景观，使其如有生命的有机体般活性运转，良性循环；结合全球文明的新的技术手段来诠释和再现古老文明的精神内涵等。

（3）多元化的发展局面更为显现

多元化要求强化地方性与多样性，以充分保留地域文化特色，丰富全球园林景观资源。根据地域中社会文化的构成脉络和特征，寻找地域传统的景观文化体现和发展机制；避免标签式的符号表达，反映更深的文化内涵与实质；以发展的观点看待地域的文化传统，将其中最具活力的部分与园林的现实及未来的发展相结合，使之获得持续的价值和生命力。

9.4 西方现代造园技术思想的当代借鉴

西方现代造园美学思想是：为大众设计的思想；形式与功能相结合的思想；与环境相融合的思想；注重空间的思想。在我的风景园林设计以及相关的学科中，常常忽略了现代艺术形式以及现代视觉形态知识对园林设计的影响，而对目前不断变化的现代艺术形式以及层出不穷的园林设计新模式，不能深刻、全面地认识与借鉴。造成这一问题的根本原因在于学科建设存在的误区以及对现代艺术存在的偏见。我们应充分借鉴西方现代造园美学思想、设计思想，利用现代抽象艺术的边线形式，让风景园林学科能够符合现代设计潮流的发展需求，不能单方面地追求设计中的绿化率以及简单的三维绿视量。此外，在设计过程中增加风景园林的设计艺术含量，能够更有效地吸收现代艺术中独特的设计形态知识。比如，在设计园林植物配置的过程中，为了提高其品位，应从园林植物景观视觉形态的美学方面入手，尽可能在园林设计中加入现代化、多元化的元素，丰富园林景观设计的内涵，从而有效防止设计作品的类型化。

园林设计属于科技含量较高的学科，涉及许多方面的知识，如人文学科、自然学科、地理学科等，需要将多方面的知识相互融合。纵观园林设计发展的历史，无论是国内抑或是国外的优秀设计作品，都是融合了艺术或者艺术形态的知识，并通过这种互相融合有效解决设计形态单一的问题。为了全面加强景观设计的质量，可以从设计风格学以及设计形态学的基础上分析视觉心理，能够起到有助于形成中国特色现代设计风格的效用。园林设计作为一门极为注重平面与立体形态整体知觉的艺术，与绘画、雕塑所具备的造型特性和视觉形式极为相似。

西方现代景观文化的发展史从以艺术为中心演变为关注自然、重视人类活动的需求，在整个过程中，景观设计的行业体现出了一种对于时代发展相当浓厚的责任感。西方景观设计在历史的潮流中经历了无数次的变革，而这些变革都值得我们去学习和借鉴。而景观设计的发展与园林设计的自我提升是分不开的，同时两者之间的相互促进更是景观设计适应时代变革以及自我完善的关键之处。

对于西方园林设计现代艺术形式的不断变化，应该做的就是抓住全球性文化碰撞与整合时期所带来的机遇，想方设法领会西方现代设计文化的精髓，并与我国传统园林形式进行融合，相互映照。

总之，中国和西方的园林艺术都具备各自的独特性以及不同的精髓、不同的思想，在艺术形态上表现出了各自的风格。但是，伴随着环境与科学的共同发展，以自然、生态为主，并追求人与自然和谐发展的现代园林，已经逐渐替代了以视觉景观为主的传统园林。面对西方园林设计中现代艺术的挑战，中国传统园林形式作为中国传统文化的瑰宝，必须对其进行创造性的继承。在园林景观的规划和设计中，一方面融入现代的设计理念，借鉴西方先进的现代设计手法；另一方面有意识地保留和继承中国风景园林设计的艺术元素，融入中国文化特色，创造出具有中国特色的现代景观设计作品。

【拓展训练】
了解现代景观设计的发展趋势。

参 考 文 献 ::::::::::::::::::::::::::::::::

[1] 陈新，赵岩.美国风景园林[M]. 上海：上海科学技术出版社，2012.

[2] 陈植.造园学概论[M]. 北京：中国建筑工业出版社，2009.

[3] 陈志华.外国造园艺术 [M]. 郑州：河南科学技术出版社，2013.

[4] 郦芷若，朱建宁.西方园林 [M].郑州：河南科学技术出版社，2001.

[5] 杰弗瑞·杰里柯，苏珊·杰里柯.图解人类景观：环境塑造史论[M].刘滨谊，译.上海：同济大学出版社，2006.

[6] 针之谷钟吉.西方造园变迁史：从伊甸园到天然公园[M].邹洪灿，译.北京：中国建筑工业出版社，2009.

[7] 王向荣. 西方现代景观设计的理论与实践[M].北京：中国建筑工业出版社，2002.

[8] 汤姆·特纳.世界园林史[M].林箐，等，译.北京：中国林业出版社，2011.

[9] 朱建宁.西方园林史：19世纪之前[M].北京：中国林业出版社，2008.

[10] 张祖刚.世界园林发展概论：走向自然的世界园林史图说[M].北京：中国建筑工业出版社，2003.

[11] 张祖刚.世界园林史图说[M].北京：中国建筑工业出版社，2013.

[12] 中国勘察设计学会园林设计分会.风景园林设计资料集：园林绿地总体设计[M].北京：中国建筑工业出版社，2006.

[13] 李震，等.中外建筑简史[M] . 重庆：重庆大学山版社，2015.

[14] 陈志华.外国建筑史[M] . 北京：中国建筑工业出版社，2010.

[15] 周向频.中外园林史[M] . 北京：中国建材工业出版社，2014.

[16] 祝建华.中外园林史[M] . 重庆：重庆大学出版社，2014.

[17] 罗小未，蔡琬英.外国建筑历史图说[M] . 上海：同济大学出版社，1986.

[18] 罗小未.外国近现代建筑史 [M] . 北京：中国建筑工业出版社，2004.

[19] 张健.中外造园史[M].武汉：华中科技大学出版社，2009.